园林景观手绘表现

Hand-painted Performance of Garden Landscape

快题篇

施井塑　施井招／著

辽宁美术出版社

图书在版编目（C I P）数据

园林景观手绘表现．快题篇／施并塑，施并招著
-- 沈阳 ：辽宁美术出版社，2013.1 （2015.8重印）
ISBN 978-7-5314-5296-6

Ⅰ．①园… Ⅱ．①施… ②施… Ⅲ．①景观-园林设计-绘画技法 Ⅳ．①TU986.2

中国版本图书馆CIP数据核字(2013)第014534号

出 版 者：辽宁美术出版社
地　　址：沈阳市和平区民族北街29号　邮编：110001
发 行 者：辽宁美术出版社
印 刷 者：沈阳市博益印刷有限公司
开　　本：889mm×1194mm 1/12
印　　张：12
字　　数：230千字
出版时间：2013年3月第1版
印刷时间：2015年8月第2次印刷
责任编辑：王　楠　李　彤
封面设计：彭伟哲
版式设计：王　楠
责任校对：张亚迪
书　　号：ISBN 978-7-5314-5296-6
定　　价：75.00元

邮购部电话：024-83833008
E-mail:lnmscbs@163.com　http://www.lnmscbs.com
图书如有印装质量问题请与出版部联系调换
出版部电话：024-23835227

目　录

第一章　基本知识

一、园林

园林（Gardens），《丛书集成目录》中解释为传统中国文化中的一种艺术形式，起源于中国“礼乐”文化，通过以花木等为载体衬托出人类主体的精神文化。在一定的地域运用工程技术和艺术手段中，通过改造地形，如筑山、叠石、理水；种植树木花草；营造建筑和布置园路等途径创作而成的美的自然环境和游憩境域，被称为园林。

园林，在中国古籍里根据不同的性质也称作园、囿、苑、园亭、庭园、园池、山池、池馆、别业、山庄等。在历史上，游憩境域因内容和形式的不同用过不同的名称。中国殷周时期和西亚的亚述，以畜养禽兽供狩猎和游赏的境域称为囿和猎苑。中国秦汉时期供帝王游憩的境域称为苑或宫苑；属官署或私人的称为园、园池、宅园、别业等。“园林”一词，见于西晋以后诗文中，如西晋张翰《杂诗》有“暮春和气应，白日照园林”句；北魏杨玄之《洛阳伽蓝记》评述司农张伦的住宅时说：“园林山池之美，诸王莫及。”唐宋以后，“园林”一词的应用更加广泛，常用以泛指各种游憩境域。

园林根据不同的角度有不同的分类。从历史角度来分，有古典园林和现代园林之分。在古典园林中，中国园林有皇家园林、私家园林、寺观园林、风景园林；西方古典园林有规则式园林与自然风致园林。从地域角度来分，有东方园林和西方园林之分。从功能的角度来分，有综合园林、动物园、植物园、儿童公园和城市绿地等之分。作为西方园林规则式代表的国家有意大利宫殿、意大利台地及法国勒诺特尔式。代表自然式的中国私家园林的是苏州园林、岭南园林等。

二、景观

景观（Landscape），无论在西方还是在中国都是一个美丽而难以说清的概念。地理学家把景观作为一个科学名词，定义为一种地表景象，或综合自然地理区，或是一种类型单位的通称，如城市景观、森林景观等；艺术家把景观作为表现与再现的对象，等同于风景；建筑师则把景观作为建筑物的配景或背景；生态学家把景观定义为生态系统或生态系统的系统；旅游学家把景观当做资源；而更常见的是景观被城市美化运动者和开发商等同于城市的街景立面，霓虹灯，园林绿化和小品。而一个更文学和宽泛的定义则是“能用一个画面来展示，能在某一视点上可以全览的景象”；

“景观”一词最早在文献中出现是在希伯莱文本的《圣经》中，用于对圣城耶路撒冷总体美景的描述，这也许与其犹太的背景文化有关。“景观”在英文中为“landscape”，在德语中为“landachaft”，法语为“payage”。在中文文献中最早出现“景观”一词目前还没有人给出确切的考证。但无论是东方文化还是西方文化，“景观”最早的含义更多具有视觉美学方面的意义，即与“风景”（scenery）同义或近义。“景观”

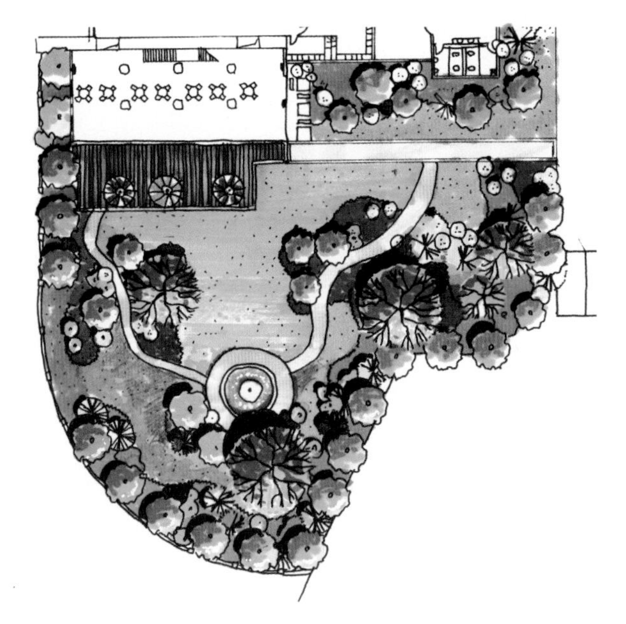

的解释也是把“自然风景”的含义放在首位。

景观是指土地及土地上的空间和物质所构成的综合体。它是复杂的自然过程和人类活动在大地上的烙印。19世纪初，德国地理学家、地植物学家Von Humboldt将景观作为一个科学名词引入到地理学中，并将其解释为“一个区域的总体特征”，这与后来地理学的地域综合体的提法很相近。中国大百科全书中概括了地理学中的景观的理解如下：其一，某一区域的综合特征，包括自然、经济、文化诸方面；其二，一般自然综合体；其三，区域单位，相当于综合自然区划等级系统中最小的一级自然区；其四，任何区域单位。

在人们对自然风景观念普及的同时，景观设计也早已深入人们的视野，单独定义“景观”，它与规划、园林、生态、地理等多种学科交叉、融合，在不同的学科中具有不同的意义。我所接触的“景观设计”（又叫作景观建筑学）是指在建筑设计或规划设计的过程中，对周围环境要素的整体考虑和设计，包括自然要素和人工要素，使得建筑与自然环境产生呼应关系，使其使用更方便、更舒适，提高其整体的艺术价值。这个概念更多的是从规划及建筑设计角度出发，关注人的使用，即作为自然和社会混合物的人与周边环境的关系。

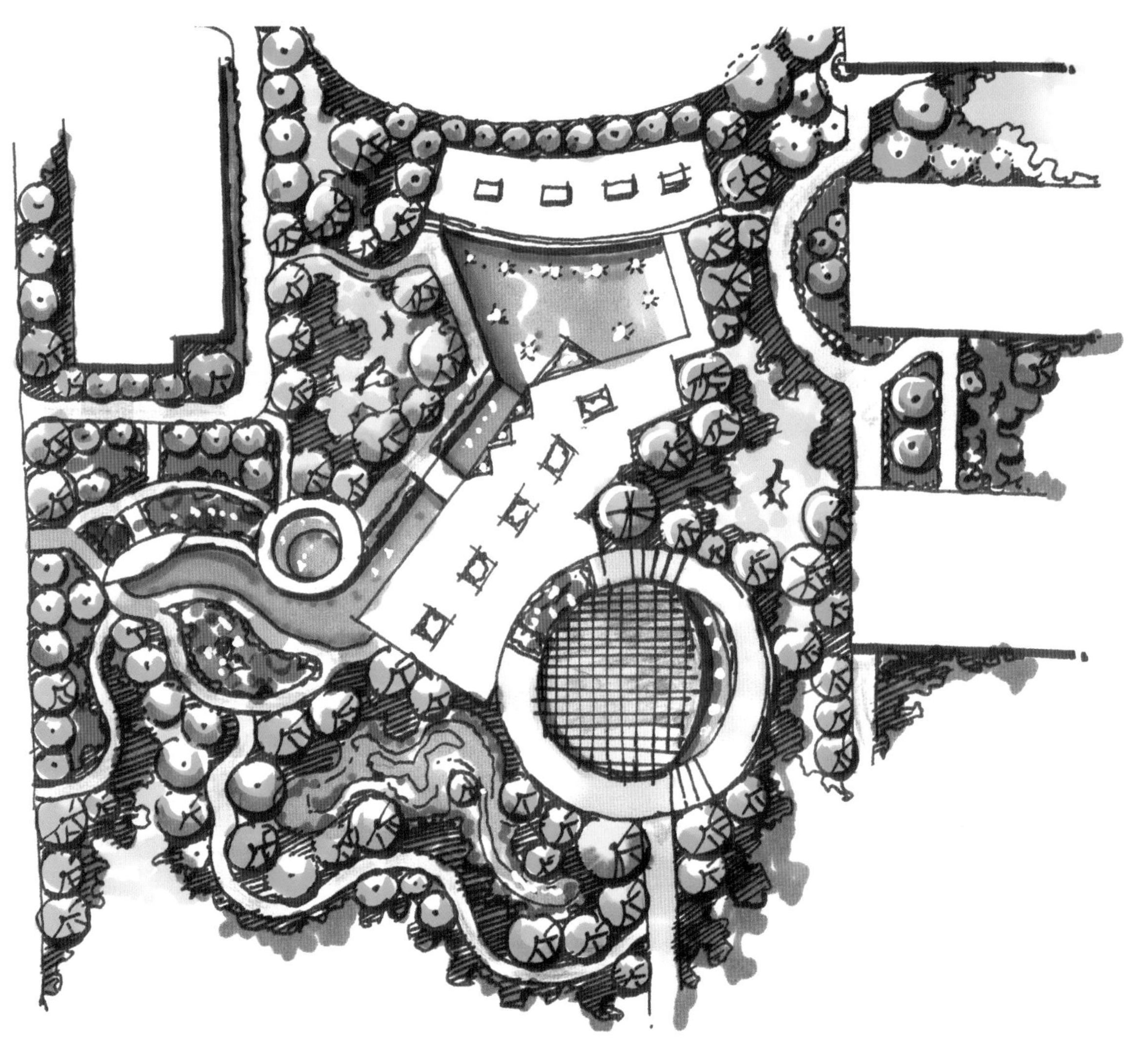

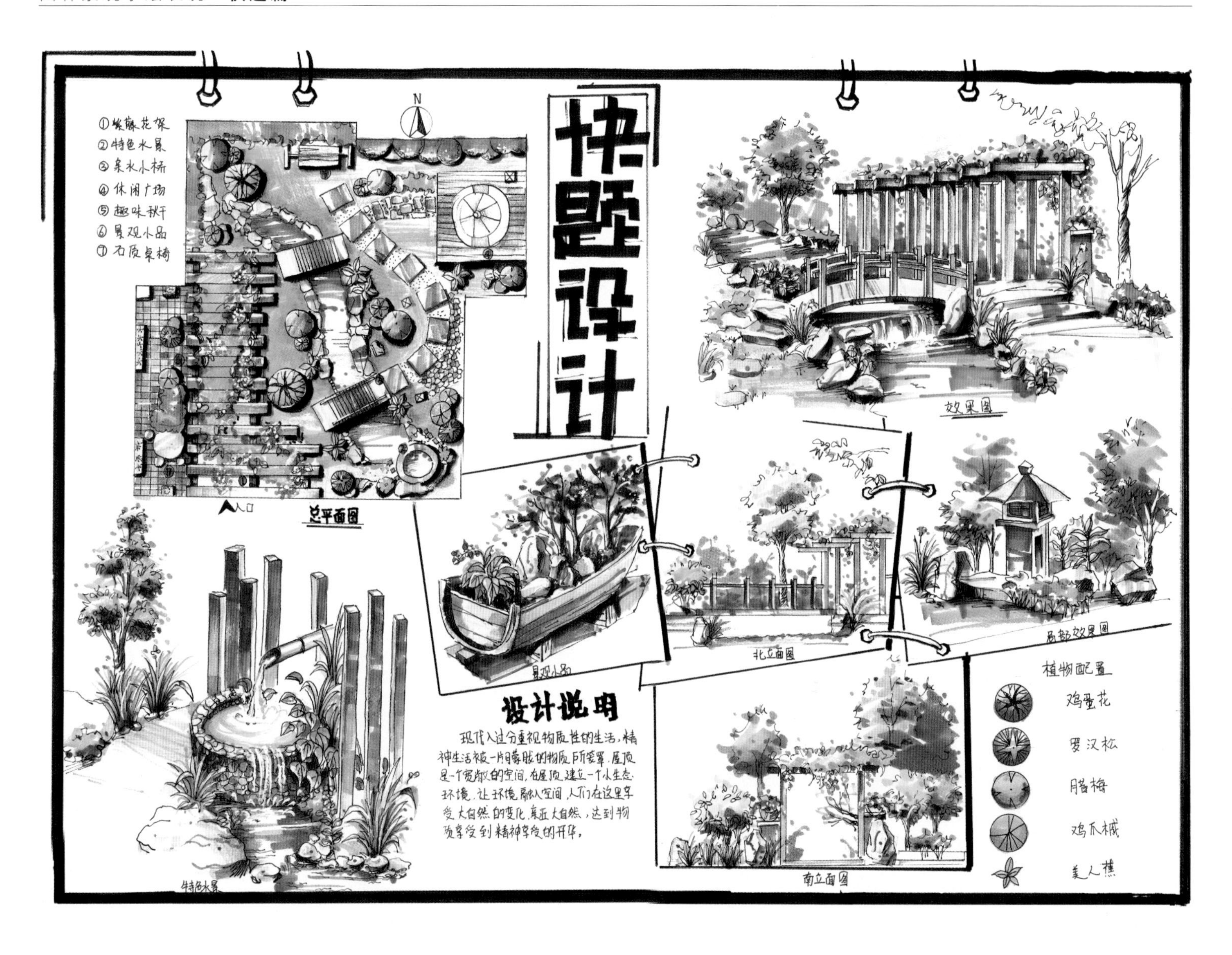

第一节　快题设计概述

一、概念

快题设计是指在一定的设计任务条件下，经过短时间的筹划，将设计构思、设计创意完整快速地表现在图纸上的设计方式。通常包含图解分析、意象表达、必要的文字说明以及最终的设计方案的效果呈现，形成方案设计概念。

快题设计作为园林景观专业常用的一种提高技能的训练手段，是设计最初的形态化描述，是一个设计的想法，或者是一个抽象的见解，一个具有形态与结构的表现形式，通常以速写为载体。主要是以检验设计能力为目的，要求在短时间内，完成从文字的要求到图形的表达，完整地表现出从设计创意、构思到最终设计方案的效果呈现。

二、类型

1. 高校升学篇

随着时代的推进，风景园林专业蓬勃发展，从事风景园林专业的人数与日俱增。各类院校在研究生入学考试中已将快题设计作为一项考试内容。

一般来说，风景园林的快题设计考试时间主要分3小时快题设计和6小时快题设计两类。3小时和6小时的快题设计由于时间比较短，通常是设计一些功能简单、面积较小的景观，如公园、广场、居住区绿地，考试内容多为考生生活中随处可见的景观场景，方便考生进行设计创造。入学设计主要体现的是考生的设计基本功，把基本的功能、空间、流线、结构妥善地处理好，再加上充分的图纸表现。

2．单位选聘篇

由于近两年来从事设计的人员不断增多，而面对多如牛毛的应聘者，用人单位不得不采取招聘考试的方式招收高水平的设计师，而快题设计自然成了公司的普遍考试形式。而面对繁重的设计任务，设计师们也只能不断夯实自己，以快速设计的工作方法为公司创造更大的收益，而快题设计就是快速提升设计绘画实战的最好途径。用人单位招聘考试的快题设计大多为3、4小时，时间虽短，但是可以充分展现应聘者的专业基础和创新能力，所以往往最后被选中的是那些专业基础夯实，能为公司创造更多方案的人。

三、特点

1．快题设计时间短，效率高。要求学生在短时间内完成规定的设计图，速度快，效率高，强度大。

2．快题设计具有高度概括性。因为受时间的约束，快题设计要求学生在规定的时间内，抓住设计的核心，提出高度概括的设计方案。

3．快题设计题目类型比较常见，要求比较宽松，空间富于变化，让学生有更多的发挥空间。

四、作用

快题设计是专业课程学习时必须掌握的交流语言和设计语言。首先，快题设计的训练时间短，效率高，有助于提高设计方案的质量，长期的景观快题训练可以使设计创意与表现完美结合，并将表现熟练于手，有效地提高设计能力。其次，随着风景园林从业人数增多，从考研角度来说，当今众多风景园林专业的高等院校已将快题设计作为研究生入学考试科目，因而提高快题设计应试能力显得尤为重要。再次，快题设计已走向高等院校成为设计专业的基础课程，高校老师也多采用快题设计来展开方案设计交流，提升学生设计思维。因此，快题设计对提高课程教学质量也起到十分重要的作用。总的来说，快题设计是训练设计思维的有效途径，也是一名优秀设计师必备的专业素养。

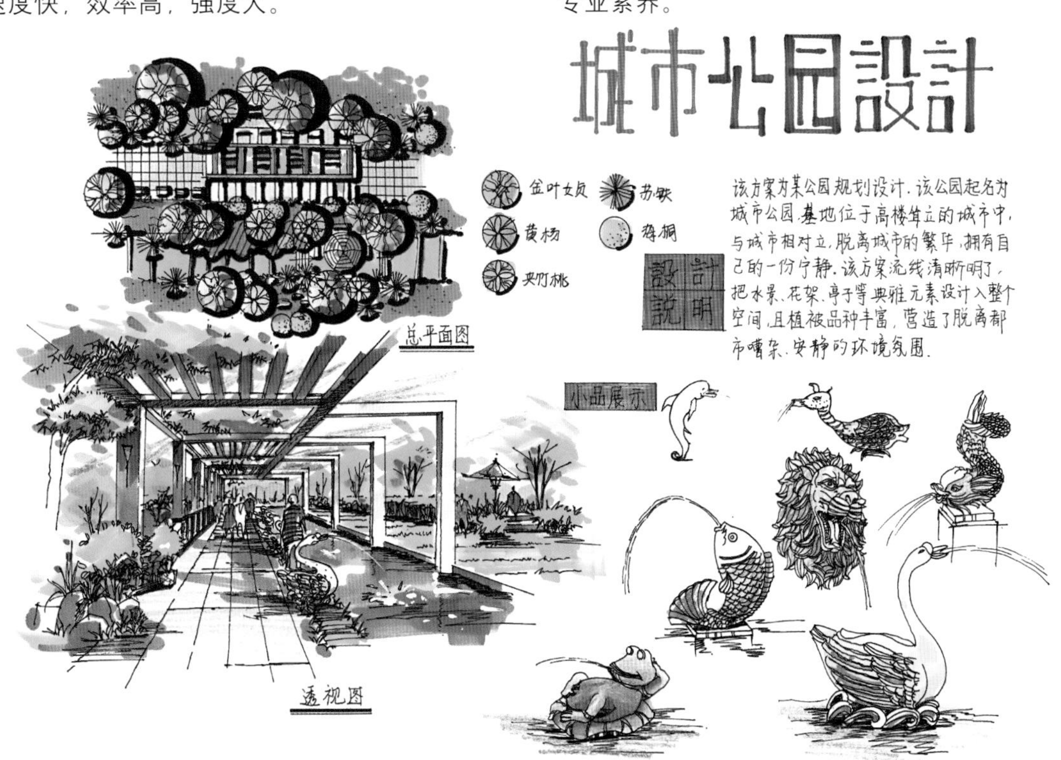

第二节　园林景观快题设计

一、园林景观快题设计要点

作为景观专业类别的快题设计，设计内容围绕景观专业的范围来定义。现代景观规划设计的范围非常广阔：宏观方面诸如区域规划、城市规划、社区规划、道路规划；微观方面为建筑物和建筑物室外环境设计等方面，还包括：城市公园、城市广场、社会机构和企业园景观、国家公园和森林公园、景观规划与矿山基地恢复、自然景观重建、滨水区、乡村庄园、花园、休闲地等。因此，景观快题的设计任务书与景观的设计实践大致相同，涉及从广场、居住区、办公楼、校园到公园等的景观设计。

景观快题设计的内容一般按照时间的要求会有所侧重，比如大尺度的景观设计，设计内容相对较少，注重规划的层面。设计要求基本按照景观规划的设计要求来执行。而中小尺度的景观设计注重设计的立意与形式感，设计要求具备一定的深度。

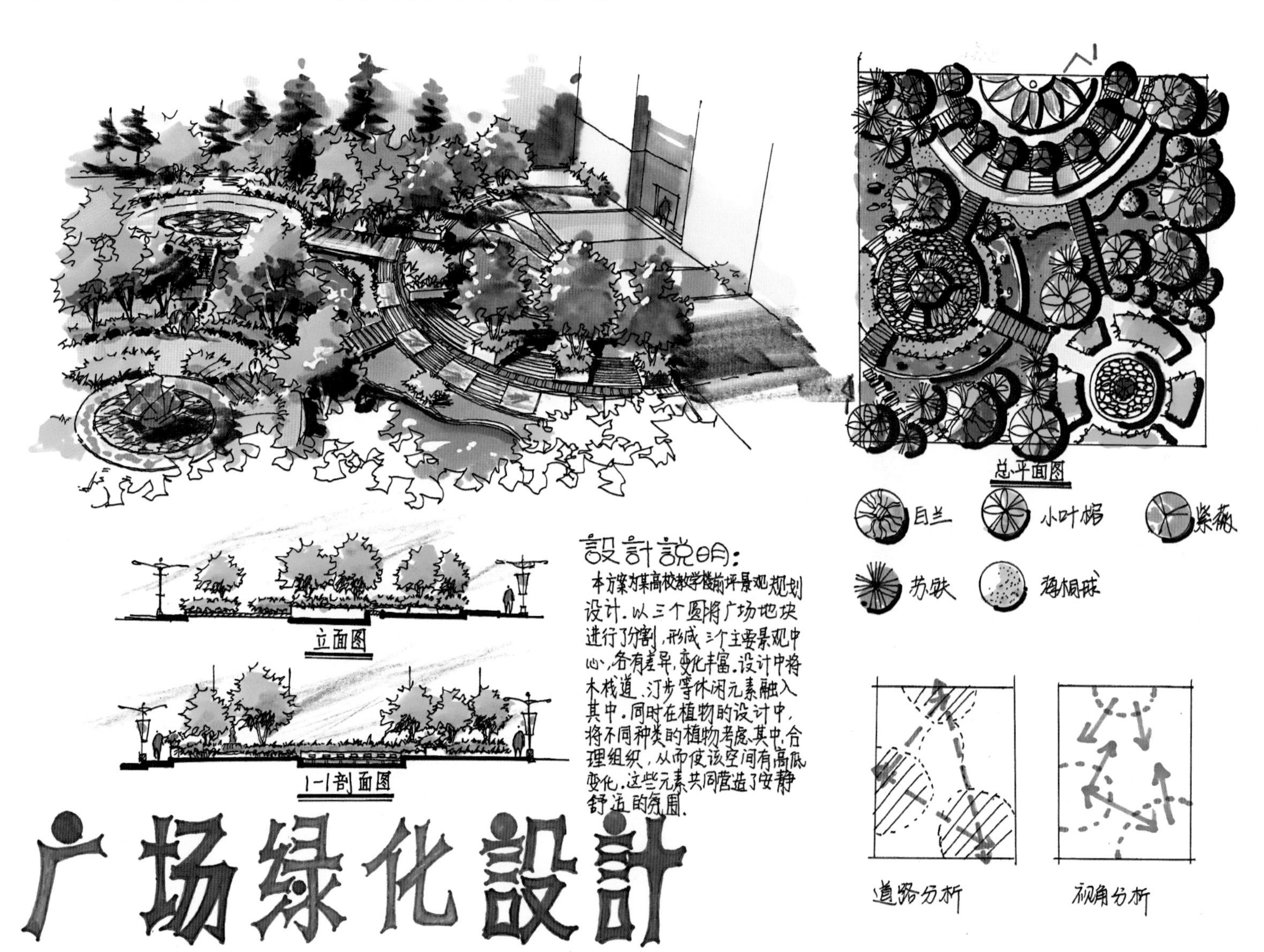

二、园林景观快题设计深度

根据快题设计特点，其对设计成果与平时的课程设计、工程项目不同。不同类型的快题考试，尽管在题目要求上会有不同的规定和描述，但对设计深度的要求基本趋于相同，应试者应尽量满足规定要求。

一方面，由于时间限制，快题设计难以像实际工程设计、课程设计那样深入平衡设计中的各种因素，满足功能上的合理性、技术上的先进性、经济上的适用性。在考试过程中，通常只要求设计者重点解决全局性矛盾，抓住解决影响总体方案的关键，而不拘泥于处理方案的细节。例如，在妥善解决功能分区、交通流线组织、造型设计、环境布置等问题的基础上，除非题目明确要求，就没必要考虑具体的构造解决方案。在有限的时间内过分追求细枝末节反而会顾此失彼，失去对全局的把握。

另一方面，在有限的时间内完成快题设计的方案构思与表达，意味着设计成果很难达到课程作业或者正式施工图的深度，但并不能因此就减少图纸内容，最后的成果图仍应是一套完整的图纸，表达出的是一个完整的设计构思。换言之，虽然设计的深度可以略微削弱，表现手法也可不拘一格，但是各项内容都应符合题目要求。

非应试类型的快题设计方案虽不一定实施，但是应当有继续深入研究的可能，不能为了过分追求新奇的造型而放弃功能和结构的合理性。因此图纸上所表示的总平面、立面和剖面图应当尽可能成为有机的整体，能够凭此建立起完整的设计，同时也可以为下一阶段的方案发展提供可靠的设计文件。

第三节　建议

一、注重基础，合理设计

快题设计考察的是学生设计的专业素质、综合设计能力和表达能力。快题设计不像平日做的设计可以查阅资料或者实地考察。它要求学生在规定的时间里根据任务书中所给定的场景进行设计创作，这便要求同学们必须准确掌握园林景观设计的基础知识，并经过一定时间的设计训练，熟悉设计流程，熟悉园林景观设计要素，理解掌握优秀案例设计的设计思路和目标，不断在学习中培养正确尺度的设计思维，积累更多的设计知识和掌握更多的设计技巧，只有注重基础，才会有合理的设计。

二、广泛阅读，重点研究

“造烛求明，读书求理”。广泛阅读有关专业知识的书籍，夯实专业的基础知识，熟悉有关设计的基础知识和基础理论，从而学会看懂设计，充分理解优秀设计作品的内涵和设计师的设计思维和脉络，开拓思维，拓展眼界。同时研究优秀作品创意源泉和设计理念，进行案例分析，总结分析，积累经验，便可学以致用。

三、内外兼修，强化表达

“荷花虽好，也要绿叶扶持”，在快题设计中，设计能力再强没有很好的图纸表达也是不行的。学生们在做快题设计时往往将设计的重心放在了方案的设计上，却忽视了图纸的表达，导致很多优秀的设计被埋没。其实设计能力和图纸表达是相辅相成的，设计能力是基础，图纸表达是媒介，二者缺一不可。优秀的设计想要准确生动地表达出来，就要求学生们在打牢设计基础的同时，强化徒手表达的能力。

第二章　前期准备

第一节　表现基础

一、工具规定

1. 绘图笔

（1）铅笔

铅笔是画图的基础用笔，可涂改，通常在绘图时作为起稿工具，作为勾勒线条和表现明暗的工具。铅笔一般分B和H两种，B又分B、2B、3B、4B、5B、6B、8B；H又分H、2H、3H、4H、5H、6H。H表示铅笔的硬度，H前数字越大，表示笔芯越硬，笔芯越硬越不易上色，多用于草图底稿的阶段。B表示笔芯中石墨的含量，B前数字越大表示笔芯越软越黑，多用于加强表现，强调明暗与虚实。

快题应用：

绘制方案构思草图，建议使用2B铅笔，可以利用铅笔的粗细、浓淡迅速修改方案。正视图打底时建议采用HB铅笔，避免污染画面，保持图面的整洁。铅笔底图尽量准确、简洁，避免橡皮擦拭致使纸张变得毛糙，影响上色效果。

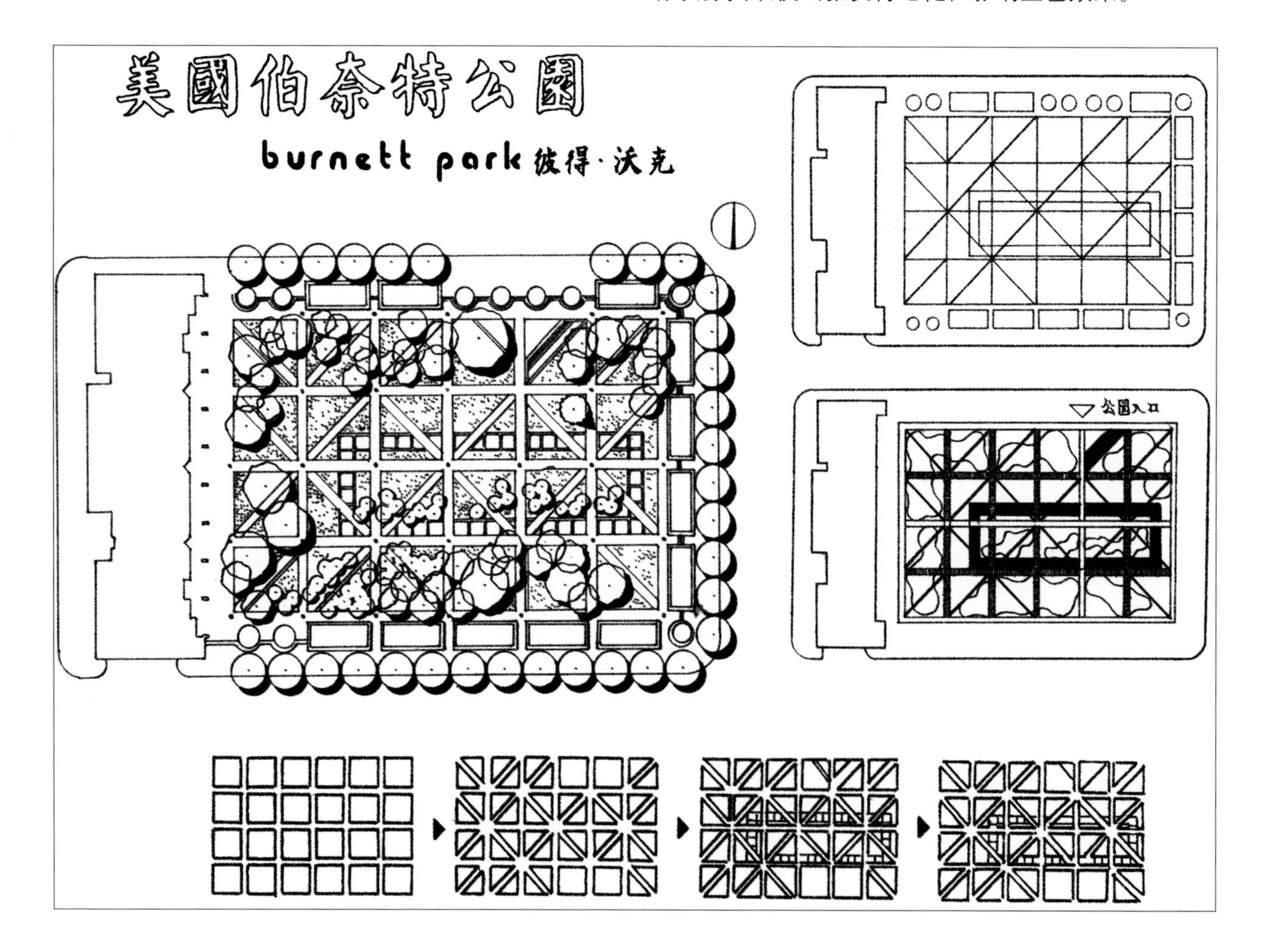

（2）墨线笔

墨线笔作为统称，又分为针管笔、签字水笔、美工笔、普通钢笔等。主要是作为画面景物轮廓、细部、光影表达的工具。墨线笔线条明确、黑白分明，所绘线条刚直有力，是徒手表现快速设计的基本工具之一。针管笔分为可灌墨水和一次性的，按照笔头粗细型号分类，方便设计者根据线条需要灵活选择，快速设计主要采用一次性针管笔。普通钢笔画的线条粗细均匀、挺直舒展；美工钢笔画的线条粗细变化丰富、线面结合，立体感强。两种钢笔各有特点，可以配合在一起使用。

快题应用：

墨线笔线条不易更改，因此要求设计者下笔前要做到胸有成竹，对整体构思、主次关系有所计划，统筹安排。墨线笔线条绘图不宜反复、含糊，线条应简练、清晰，下笔果断，线条要有起点和终点，不能"虎头蛇尾"，线条毛躁。

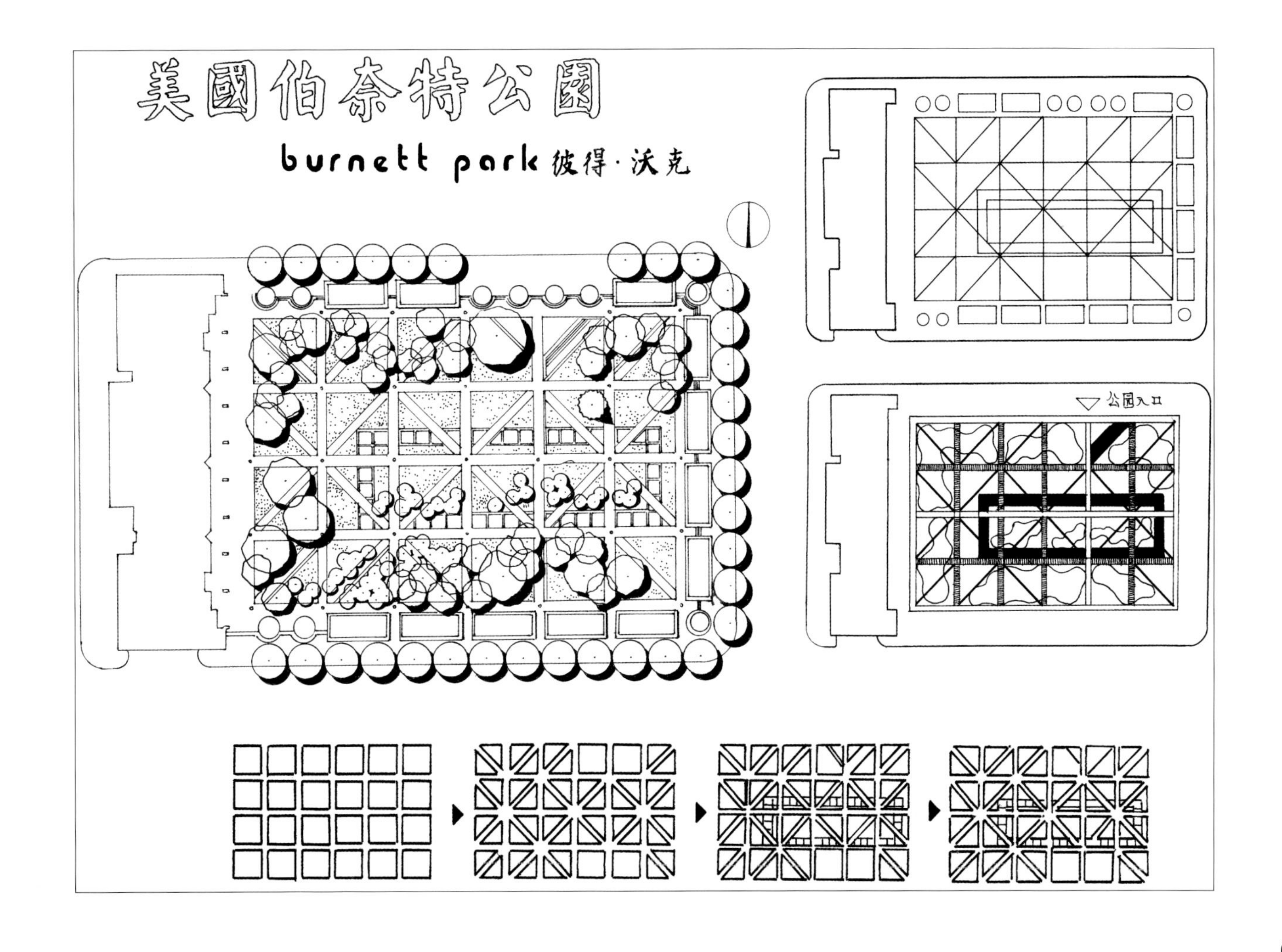

（3）马克笔

马克笔可分为水性马克笔和油性马克笔，是一种常用的效果图表现工具。油性马克笔色彩柔和、笔触自然、相溶性好，适用纸张广泛。水性马克笔色彩鲜亮且线条笔触界限明晰，色彩覆盖性强。马克笔的笔端有方形和圆形之分，方形笔头整齐、平直，笔触感强烈而且有张力，适合于块面的物体着色，而圆形笔端适合较粗的轮廓勾画和细部刻画。马克笔颜色号码是固定的，难以调配使用，只能利用它色彩透明的特点一层一层地叠加。马克笔颜料根据不同的要求，配置出同色相而深浅不同的多种明度和纯度的色笔，可达上百种，且色彩的分布按照使用频度分成几个系列：绿色系、蓝色系、暖灰色系、冷灰色系、黄色系、红色系等，熟悉之后用起来非常方便。

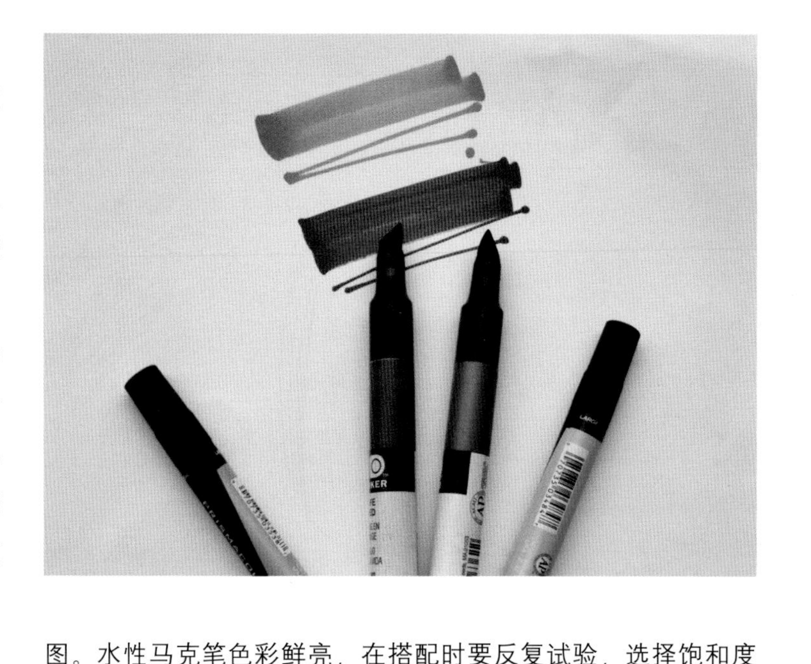

快题应用：

马克笔的线条以直线为主，在设计中，要注意把握马克笔的排线规律，如线条的宽度、排线的走向等。同时也能增加图面的整体性与秩序性，这对于体现画面的整体效果十分有用。马克笔笔触感很强，对笔触的要求较高，在练习时要注意把握这一点。

马克笔的笔头形状是呈一定角度的方楔形或粗细不等的圆形，使用时不同的笔法可以获得多种笔触，取得良好的表现效果。大面积的色块渲染大多通过一系列平行的线条来表现。此外，上色时应遵照由浅至深的顺序来进行，最后结合钢笔线条的勾勒就可以很好地塑造形体、表现环境，充分反应设计构思。

油性马克笔与大部分纸张相溶，在使用时要控制其在图纸上停留的时间，适用于大面积的平涂、自由笔触的绘制和渲染效果，如总平面图和鸟瞰图。水性马克笔色彩鲜亮，在搭配时要反复试验，选择饱和度适中的笔。由于其颜色的覆盖性强，避免笔触叠加和不同色彩混合使用，避免在钢笔线稿之后上色，否则容易将钢笔线稿涂晕开，破坏画面效果。水性马克笔多用在线条的勾绘上，在分析图中经常使用。

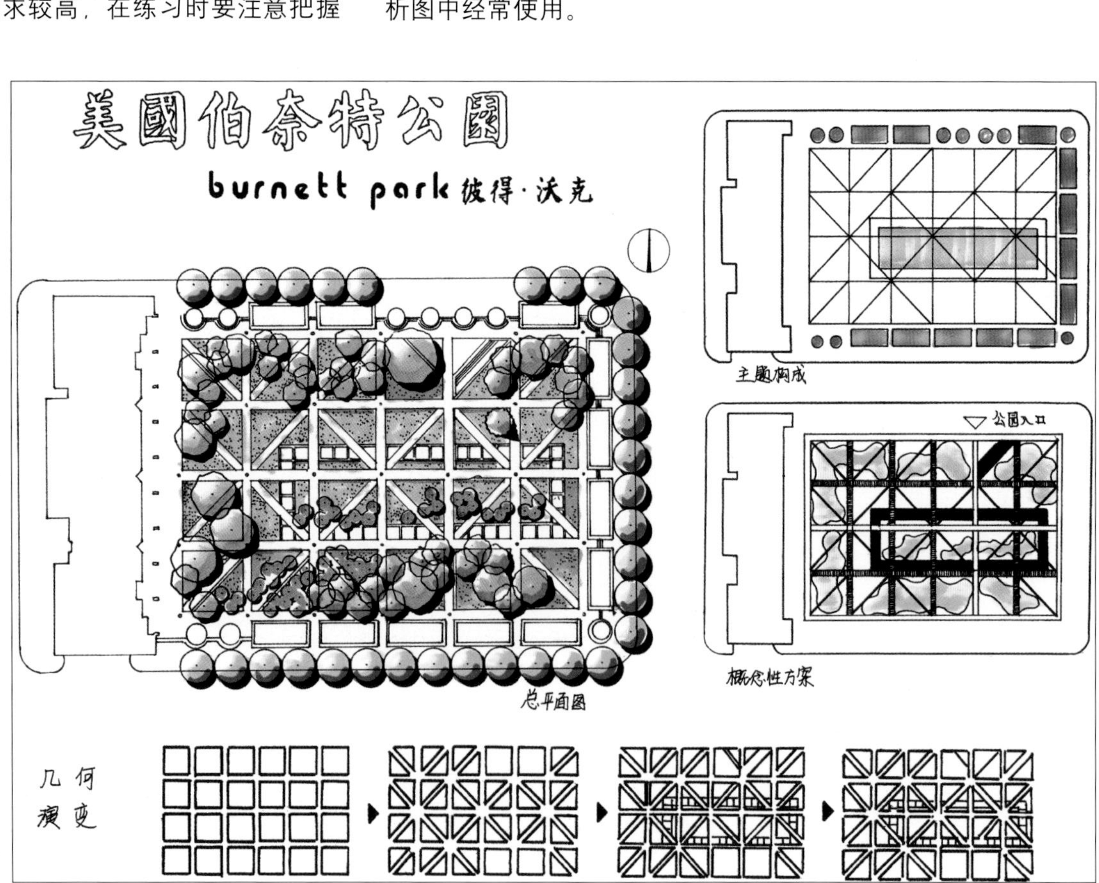

（4）彩色铅笔

彩色铅笔是着色的主要工具之一。绘制的效果柔和多变，能够表现非常微妙的退晕效果，并且可以进行不同色彩的叠加。根据是否溶于水，分为水溶性和非水溶性彩铅。其色彩齐全，刻画细节能力强，色彩细腻丰富，便于携带且容易掌握。尤其在表现画幅较小的效果图时非常方便，拿来即用。同时也弥补了马克笔颜色不齐全的缺憾。

快题应用：

彩色铅笔的排线要有一定的规律，切不可凌乱。绘图时一定要从整体出发，切忌过度描绘细节而忽视整体。大面积上色费时费力，可以与其他着色工具搭配使用，取长补短。彩色铅笔使用方便，色彩效果通过多层叠加形成，考生可以边思考边绘制，逐步深化和完善，便于控制。绘制过程中应注意线条和笔触技巧，下笔不宜过重，以免在画面上形成过于生硬的笔痕。

（5）其他工具

还有其他一些表现工具，表现力强，颜色鲜艳，效果强烈。比如：钢笔、签字笔、彩色笔、水彩、修正液等。表现得当可以取得标新立异的效果。但是由于这些工具的笔触较粗，不适合用于精细刻画，一定要慎重选择。

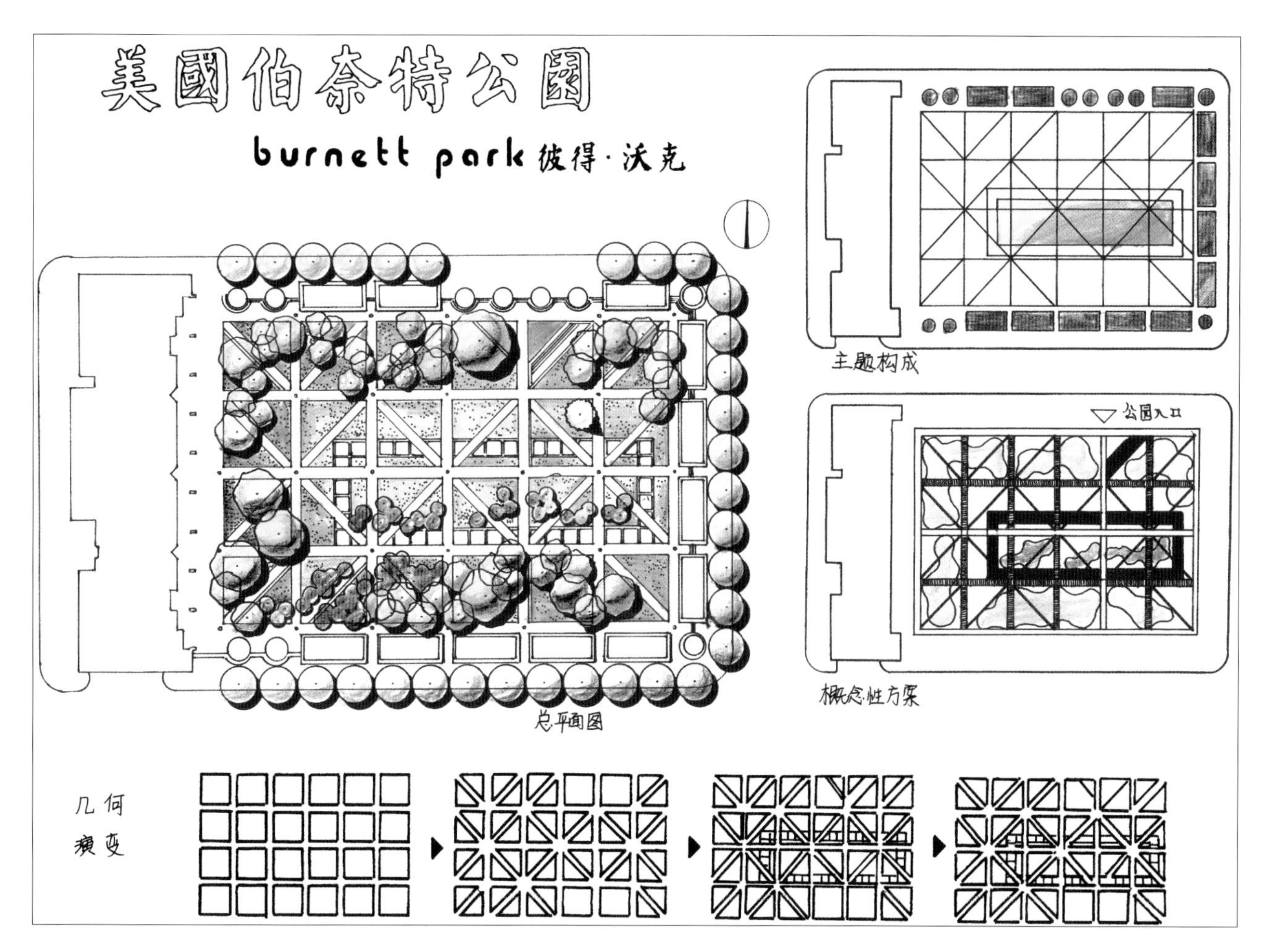

2. 绘图纸

（1）制图纸

制图纸多用于绘制工程图、机械图。其耐折耐磨度强，质地坚实，韧性强，容易着色，同样也是快题设计的首选纸张，分为带标准图框和不带图框的纯白纸。制图纸多为白色，对于快题设计中马克笔和彩色铅笔的使用会更加突出、明亮。

适用的笔：适用各种绘图笔的表现。

适用阶段：用于正式图的绘制。能够充分表达出设计者的线条和色彩效果。

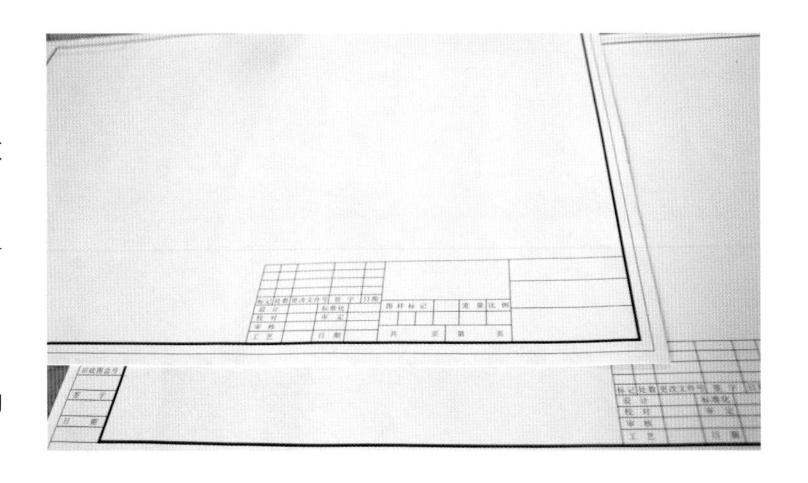

（2）有色卡纸

有色卡纸是具备各种不同明度、色相、彩度的卡纸。其平整光滑、不易变皱，而且很适合表现各种不同的物体与环境，能够恰当地表现不同物体的不同质感。在快题设计中越来越多的学生选择用有色卡纸来表现设计的质感。学生可根据设计的内容、设计的风格去任意选择。但需要注意的是，在有色卡纸上着色与在制图纸上着色会存在着一定的色差，同学们在做快题设计表现时须注意。

适用的笔：适用各种绘图笔的表现。

适用阶段：正式图的绘制。

（3）拷贝纸

拷贝纸又称草图纸，是一种质感轻薄具有一定透明度、柔软、不耐磨不耐折的纸张。多用于设计构思时草图的勾画。由于拷贝纸价格低廉，在做设计时可多备几张，遇到需要修改的地方可以随时将底图拷贝下来，反复修改，大大节约了时间，方便设计。

适用的笔：由于拷贝纸纸质较软且透明，使用过硬的铅笔容易将纸面划破，影响绘图效果，所以一般使用较软的铅笔、彩铅和墨线笔绘图；马克笔在拷贝纸上色后颜色暗淡，笔号需要经过检验和选择，以实现预期效果。

适用阶段：一般应用于草图构思阶段，纸质透明，便于快题拷贝修复方案。也可以用于正式图绘制，由于纸质柔软，易撕裂，需要下面衬纸。

（4）硫酸纸

硫酸纸是传统的图纸绘制专用纸张，是一种质地坚硬的薄膜型纸张，其质地坚实、纸质纯净、强度高、透明度好、不变形、耐高温。在快题设计中功能与拷贝纸相似，用于画稿与方案的修改和调整。与拷贝纸相比，硫酸纸的使用更正规一些，因为它平整而且比较厚，不易损坏。但它光滑的质地对铅笔不太敏感，所以最好使用绘图笔。此外，在手绘学习过程中硫酸纸是理想的拓图练习纸张。

适用的笔：硫酸纸比拷贝纸厚实平整，不易划破，对于笔的硬度没有过多要求。由于纸质透明，马克笔在硫酸纸上色后颜色变淡，笔号需要试验和选择，以达到预期效果。

适用阶段：在草图阶段和正式图阶段都可以适用硫酸纸。提交正式图时，需要在下面衬纸，保证评阅效果。

3. 辅助工具

在手绘图中，虽然大多图纸表达采用徒手画线，但在训练和表现中也时常需要一些尺规的辅助，以增强画面中的透视与形体的准确度。在快题设计中，借助尺规可更加方便严谨地表达图纸内容，在对设计的平、立、剖绘制中，尺规就起到了非常重要的作用。常用的工具有直尺（60cm）、丁字尺（60cm）、三角板、曲线板（或蛇尺）、圆规（或圆模板）等，当然，不要忘记设计师最重要的贴身工具——比例尺。除此之外，其他的一些辅助工具也是不可或缺的，主要有：美工刀、修正液、橡皮等。

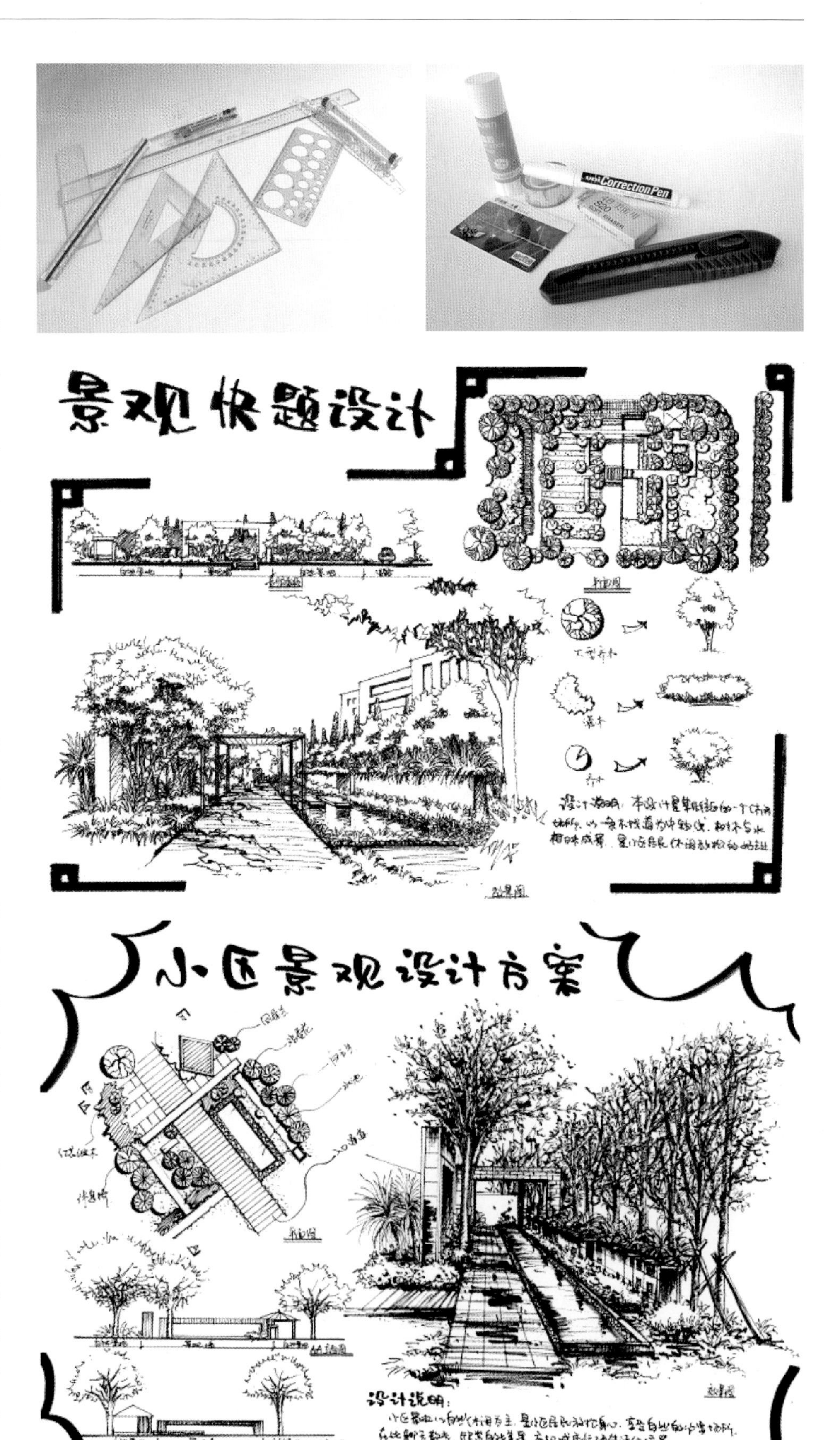

二、绘图方法

1. 线条

线条是手绘表现的基本语言，它的作用如同文中的词汇。任何设计草图都是由线条与光影组成的，线条是画面的骨架，可以作用于画面的整体结构和主体形象，在画面结构中发挥主要的作用。线条的形式看起来好像很复杂，实际上进一步归纳起来，只分为直线和曲线两大类，直线包括垂直线、水平线和斜线曲线，线条形式虽然比较丰富，但基本上都是波状线条的各种变形。线条笔触的长度控制是手指、手腕、肘和肩之间移动的结果，用肩作为支点使线条果断而准确，利用小拇指作为稳定的支点放在纸上，使手滑动，线条更加流畅。线条的不同使用技巧是画面表达感染力的重要手段，掌握多种不同的线条表现技法是设计师必备的本领，在表达一个完整的空间之前，要对绘制对象建立一个完整的认识，这样才能进一步表现。

2．明暗

在手绘图中，不仅要考虑构图和色调的处理，明暗关系也是至关重要的。明暗关系与光影是分不开的。明暗关系可以增强设计作品的空间感、形态完整性。同时提升设计的空间环境效果。在设计过程中常以线条的疏密排列来表示明暗的对比，拉开虚实关系，提高视觉冲击力。

3．色彩

色彩是在快题设计中起到锦上添花的作用，优秀的色彩表现会给整张设计图增色不少，给人留下深刻的印象。如何把握色彩的关系才是处理画面色彩效果最为关键的。色彩关系主要指明度的高低、纯度的高低和冷暖的对比。明度高的颜色比较鲜亮，调子明快、清新，能表现欢快的情感；低明度的颜色调偏暗，或者稳重。暖色的感情比较热烈外向，冷色的感情比较沉静内敛。纯度高的颜色比较纯粹，能突出表达一个单一主题。充分掌握色彩关系，可以更好地驾驭色彩，同时对于协调画面也十分关键。

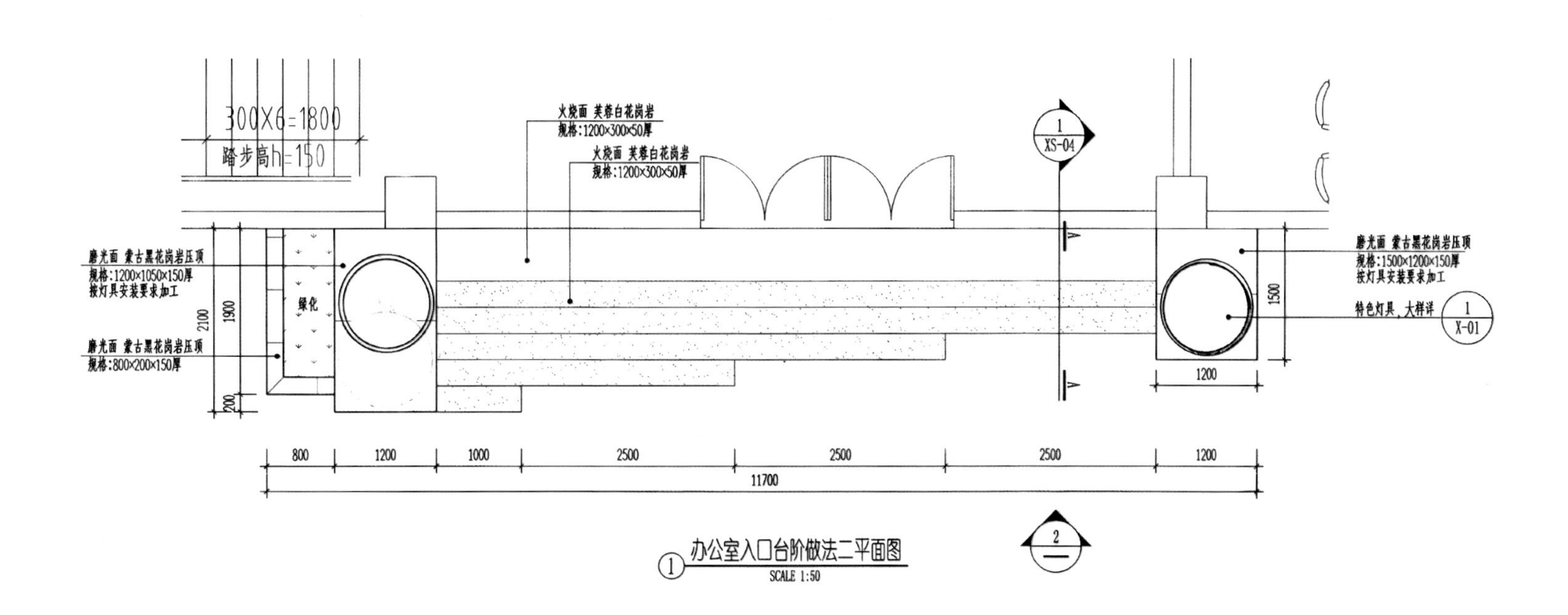

① 办公室入口台阶做法二平面图

SCALE 1:50

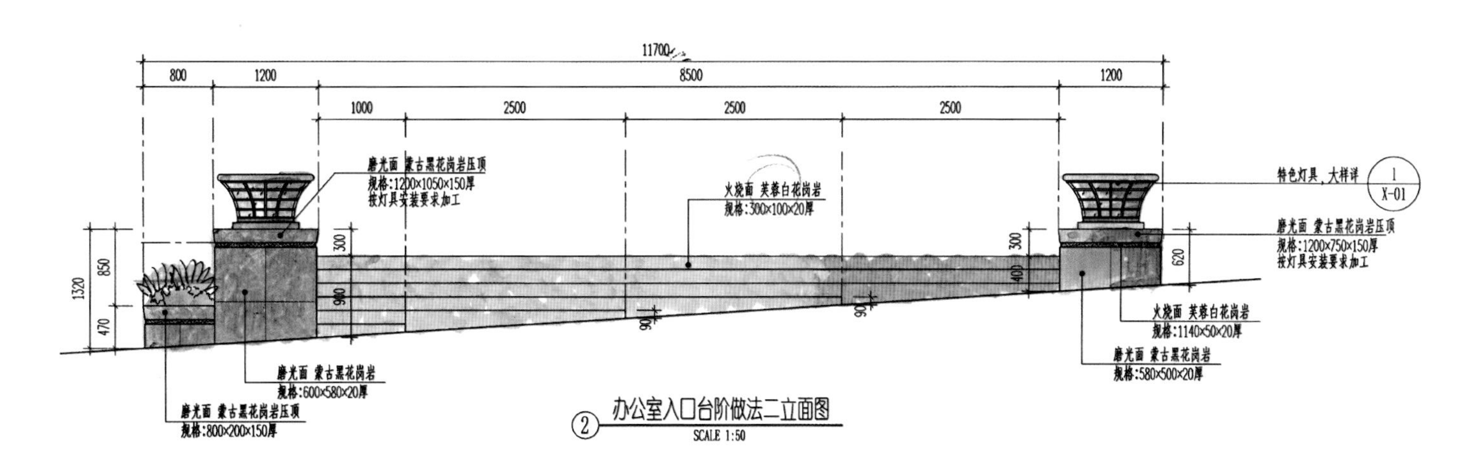

② 办公室入口台阶做法二立面图

SCALE 1:50

4. 综合

综合技法表现是快题设计中较为常见的一种表现方式，将各种材料工具综合运用，是考试中最能快速表达的一种手法，同时也一样要考虑明暗关系、疏密关系、虚实关系、冷暖关系等，只是将各种表现手法综合起来，短时间好运用的表现方式。

在平常的训练中，考生们就要了解各种绘画工具的性能并加以巧妙运用，要把握好各工具的优缺点，合理搭配使用，做到取长补短。不同的工具所带来的表现效果不尽相同，只有熟练掌握灵活运用才可在应试过程中达到万无一失的效果。

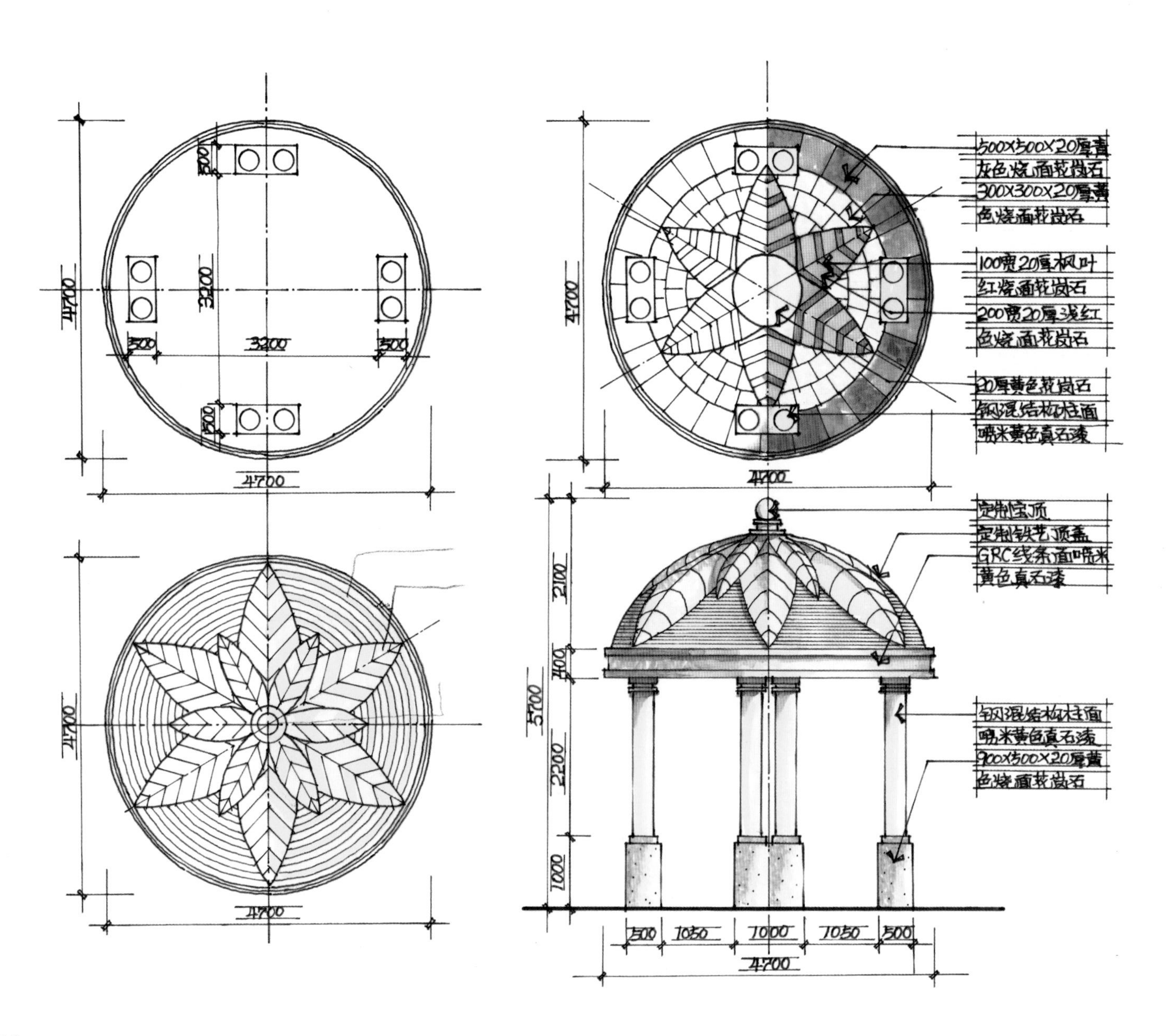

第二节　设计流程

一、时间分配

在快题考试的过程中，考生们最担心的莫过于时间问题，如何合理地安排时间才是完成设计的第一步考虑因素。一般来说，快题设计基本的时间分配有三步：第一，审题，设计构思，思考方案确定约占考试时间的30%；第二，绘制方案约占考试时间60%；第三，检查调整设计图约占考试时间的10%。

以8小时为例，通常8:30—17:30

30分钟——审题：

不超过半小时，在此期间可以做一些机械的活，如写标题、画图框等。要搞清楚设计对象和性质，以及环境潜在的设计条件，是否需要退让和功能协调等。要搞清楚形象和形体，需要产生什么样的文化联想。

90分钟——构思立意：

必须边想边画草图，多草没关系，但得有比例关系，小心无法与基础地吻合。要计算面积和体量，决定空间组合是水平布局还是垂直叠落。要计算基地的面积和尺寸，决定总水平面布局的空间次序和外部空间的形式。

30分钟——尺寸放样：

在准备好的正式图纸上，用铅笔放样，最好选"H"号以上铅笔避免脏图。千万别在另一张纸上画好了，再拷贝到正式图上，避免浪费时间。按要求的平、立、剖面图纸比例，计算每个图有多大，进行简单图面排版。最好先确定柱网或空间的基本模数，在平、立、剖面上用铅笔画上轴线，避免出错。

60分钟——细部设计：

决定平、立、剖面的细部和空间处理，同步画透视草图。注意平、立、剖面图的对应关系，注意透视的方位和表现的细节。

4小时——绘图表现：

不需要多线条和色彩，清晰明了，统一是关键。

30分钟——拾遗补漏：

看看是否有遗漏，任务书有无未完成的内容，检查姓名、号码是否误写等。

快题考试时间分配表

工作内容	3小时快题建议用时（分钟）	6小时快题建议用时（分钟）
审题和构思	10+20	20+40
草图绘制和方案修改	20	40+20
排版	5	15
三图绘制	总平面图：50 立面图：30 透视效果图：30	总平面图：90 立面图：40 透视效果图及相关分析图：65
图名、图例、文字说明等	15	30

二、审题与分析

在开始快题设计前，一定要通读和细读设计任务书，全面审题，不要着急动手。仔细审题会让之后的设计工作达到事半功倍的效果。任务书上明确提出了设计目标、设计要求和设计内容，在分析命题中深入了解给定的设计条件、设计要求和设计信息，抓住设计的核心问题，同时对各个细节要求也要心中有数。特别是要仔细研究任务书中所提供的基础地形和设计中的特殊要求。明确设计项目的性质，结合周边的人文和地理环境，才可完成出合理的景观设计。

三、构思与草图

优秀的设计是建立在长时间积累上的，快题设计短短的几个小时主要是考查学生在设计方面的综合能力。因此，不要花太多时间在创意上面，应从任务书出发，强调设计的客观性，同时有自己的理解和一定的发挥。确立了方案的大体方向后，就可针对任务书用简明的草图勾画出设计意向，再根据任务书中所对应的要求，合理地确定布局和功能分区，结合地形、交通、周边环境等因素逐步深入，完善草图，最终确定方案。在画草图前和画草图过程中，尽量按照任务书中规定的比例勾画，这有利于设计的整体规划，减少误差。

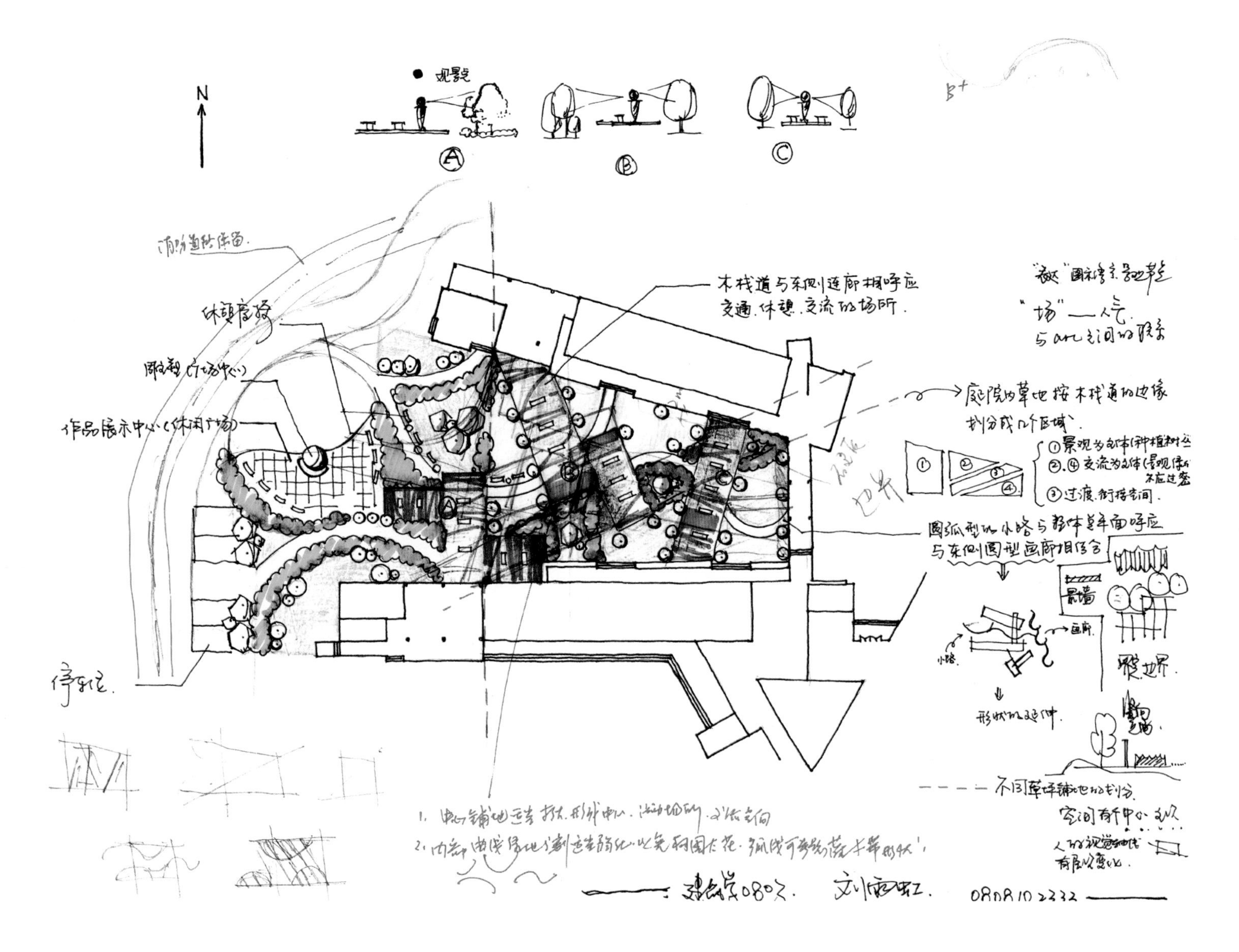

四、定稿与排版

经过不断修改完善，在功能性和合理性都满足任务书要求之后，设计方案可以确定下来。接下来就是排版。由于快题设计时间紧迫，没有过多的时间去考究排版。当草图画完，大概确定每张设计图纸的大小后便可用铅笔在试卷上勾画排版了。排版的基本原则是构图均衡、图文协调、重点突出、没有漏项。快题设计不仅考的是学生的设计能力，好的排版和表现也可为设计增色不少。排版时应把最重要的图和效果表现好的图放在整张设计图的视觉中心上。设计标题和修饰图案的字一般最后才写，主要为了避免排版不均衡，可方便进行简单的修改。

在版式设计中，最关键的是要保证文本形式与设计项目和主题及内容相协调，此外还要使文本体现出一定的秩序。秩序是使复杂事物条理化、系统化、单纯化的手段。设计师可以通过比例、侧重、对比、衬托等手法，达到在多样中求统一、变化中求和谐的艺术效果。

快题图面的版式设计原则应注意以下几点：

1. 总图应按指北针朝上的方向来绘制；
2. 如果图纸在高度上有足够的空间，应将各层平面图和立面图在垂直方向上对齐排列；
3. 如果图纸在宽度上有足够的空间，应将各层剖面图和立面图在水平方向上对齐排列；
4. 详图和标注应该有序地成组布置；
5. 透视图是统一整个版面的综合性图。

五、绘制方案

准备工作就绪之后就可以绘制方案了。绘图一般用徒手绘图，更能显示出学生的设计功底。根据个人喜好也可选择尺规作图。首先，将设计的草图按照比例要求用铅笔绘制在试卷上，确保设计图无误之后，再徒手上墨线。上墨线的过程中首先要注意将建筑外轮廓线、道路线和景观小品轮廓线区分开，粗细有别。其次，各种结构线要明确，节点处理也要注意。再次，每张设计图的标注尺寸也要对应，前后一致。等所有墨线上完，便可以着色，为了保证整张设计表现色彩的协调性，一般都是统一上色，颜色不宜过多，不宜过艳。同学们可以根据自己的喜好与擅长选择彩铅或者马克笔进行上色。图纸表达应清晰准确，保持整体性。设计绘制完便可写设计说明和标题了。

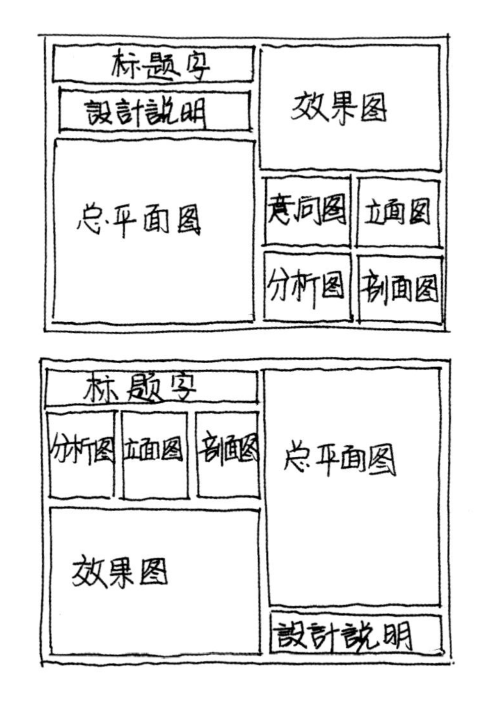

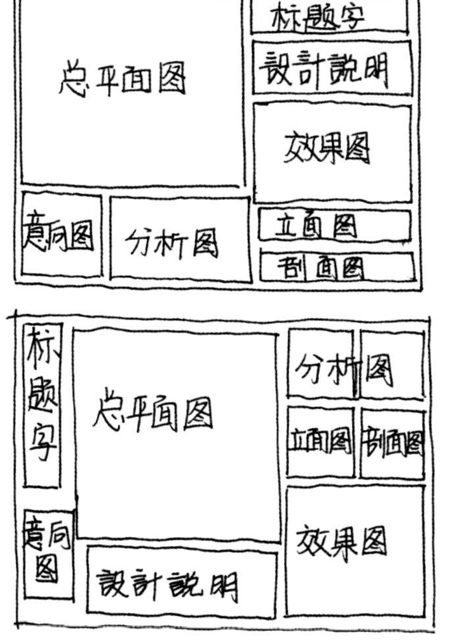

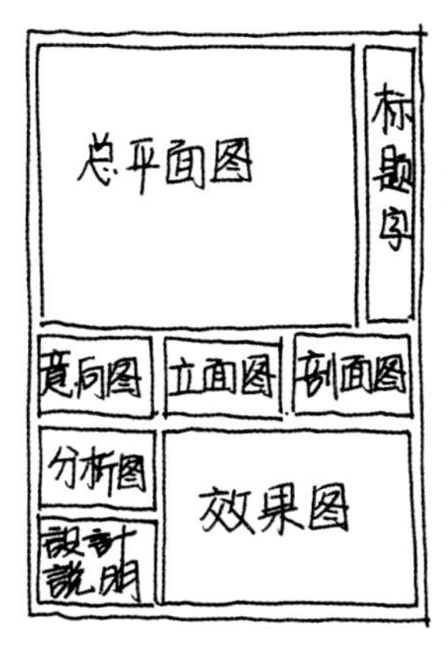

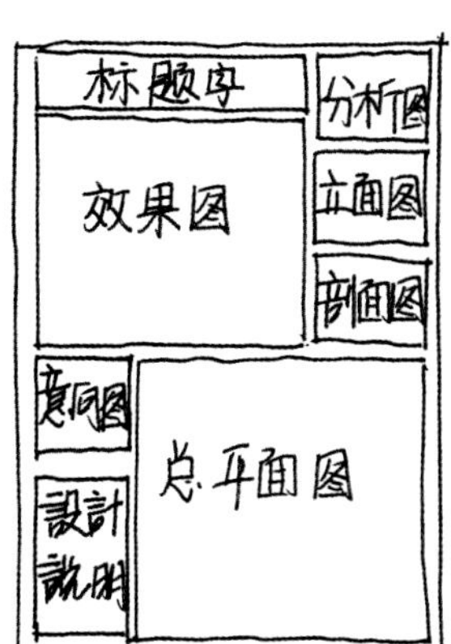

六、检查与完善

检查与完善的环节不可缺少，正所谓有始有终。由于受时间制约，学生们在快题设计的过程中或多或少会因为紧张造成一些错误或者遗漏，最后留一点时间用于检查和完善，是良好的习惯。首先检查姓名，然后对照任务书上的设计要求逐个排查有无漏画或者画错的地方，检查标注和指北针是否有按规定绘制，检查确认无误便可交卷。

七、评分标准

评阅人首先会将所有的图并列铺排在一起，进行总体浏览，并将所有的作业大致分为三档：良好、一般和不及格。比例大致是2∶3∶5.也就是说，不及格的作业在很短的时间里就已经被淘汰了，而且没有起死回生的可能性。接下来，再经过比较，挑出一部分可评为“良好”的作业，余下的被归入“一般”。在“良好”当中特别出类拔萃的被定为“优秀”，这个比例比较小，一般也就是评出3～5份。

从看图的步骤我们得出这样几个要点：

每张图被关注的时间短：长不过1～2分钟，短的可能只有几秒钟。所以，不吸引眼球的作业首先就会被淘汰。

所有的作业是被对比着评价的：就是说每份作业都不是被孤立地被评价的，如果你的作业不能在众多的作业的包围中凸显出来，那就很可能被淘汰。

评选中最容易被第一轮淘汰的作业，如画面苍白、杂乱、构图失调、粗糙、严重缺图、严重违规等。

苍白：图面过于平淡、暗淡。用笔过轻、过细，缺乏力度，用铅笔画图常常会出现这样的问题。

构图失调：主要是排版问题，过挤或过松，留白过多。

粗糙：给人不会画图的感觉。

严重缺图：缺失了任务书所要求的图和其他内容。

严重违规：①图纸规格与题目要求不符，规格不统一。②图纸比例与任务书要求不符。③不按要求落款，出现与设计内容不相符的特殊记号或奇怪符号。规定不能写姓名的写了姓名等视同作弊。④其他：我们再看看，题目中为什么要求“将个人学籍号写于图纸右上角不大于9cm×5cm的方框内”，其实这是为了密封阅卷的要求。有些同学考研，就因为落款超出了规定范围，未被阅卷，得0分。

因此，我们务必克服上述这些问题。避免违规问题，仔细看题，按要求去做。

构图失调，可以通过加强排版练习来解决。在短时间内只要肯下工夫，是可以找到一条扬长避短的路，让设计画面达到较高的水平。

如何做到脱颖而出？“良好”的设计应具有如下特点：

干净、丰富、有层次、重点突出。最重要的是，要高于出题人和评图人的期待值。做设计，图面不能“脏”，要干净、整洁。丰富就是内容要多，信息量大、工作量大。同样时间内你比别人多画1000根线条，没有功劳也有苦劳。

有层次，就是画面不呆板。线条有层次，粗细有区分，色彩有层次，浓淡相宜；表达有层次，即总图、平面图、立面图、剖面图、详图、分析图，表达有条理。重点突出，就是图面有视觉中心，有吸引视线的地方，不平淡。丰富而不杂乱，有节制不夸张。

所谓高于期待值，有相对和绝对之分。相对的高，就是鹤立鸡群，在一堆平淡的图中脱颖而出。绝对的高，是比较理想的状态，是真正的高水平。很多同学的画面水平其实是高于评图人的期待，评图人希望看到令人眼前一亮的设计。

第三节　设计技能

一、设计能力

设计能力是快题设计的最为基础的表现方式，将设计师大脑中的创意、构思想法表达出来，其中所涉及的各种风格、材料、构造工艺等问题，充分应用专业知识，将掌握的大量的设计素材重新分类，并了解其施工的工艺，才能做到设计创意的准确的表达，且应认真考虑实际状况及实用功能的合理性。

运用图示语言、表现手段、设计风格、环境气氛等表现手法进行分析、解释，能够较为清晰地表达了解设计的意图，将所想的传达展示出来，是最为直观的一种手段，也是掌握设计

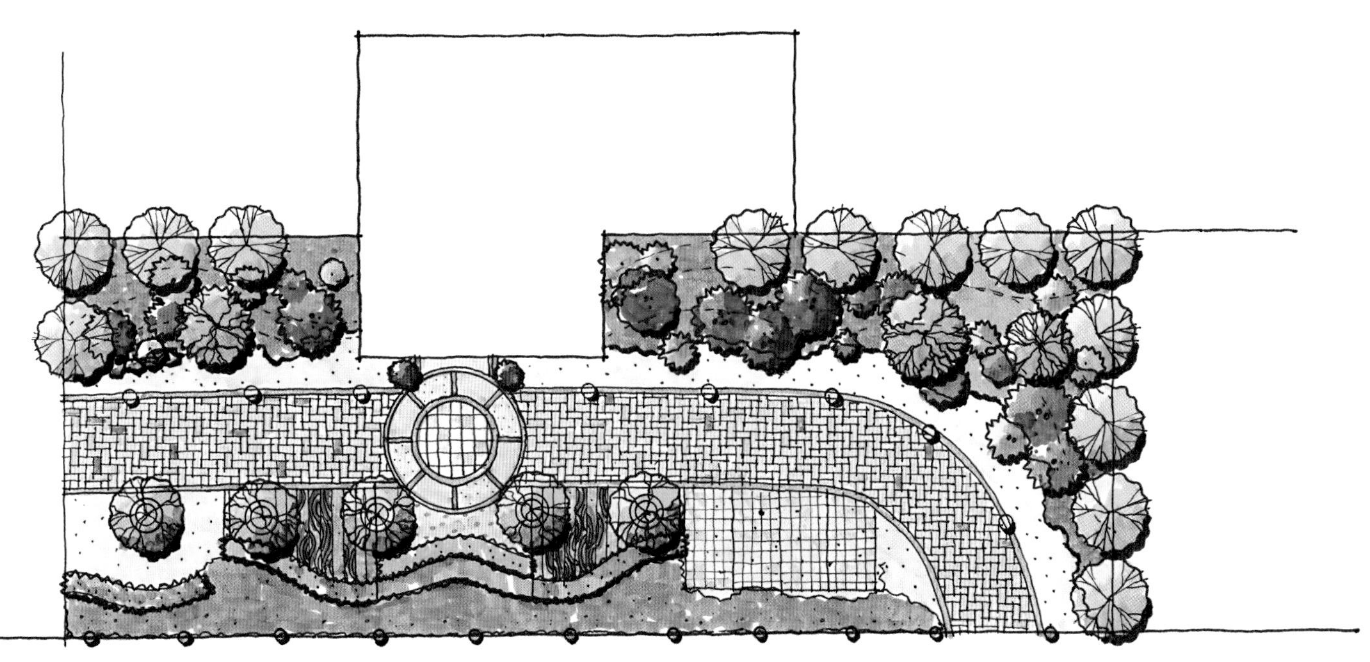

方案一

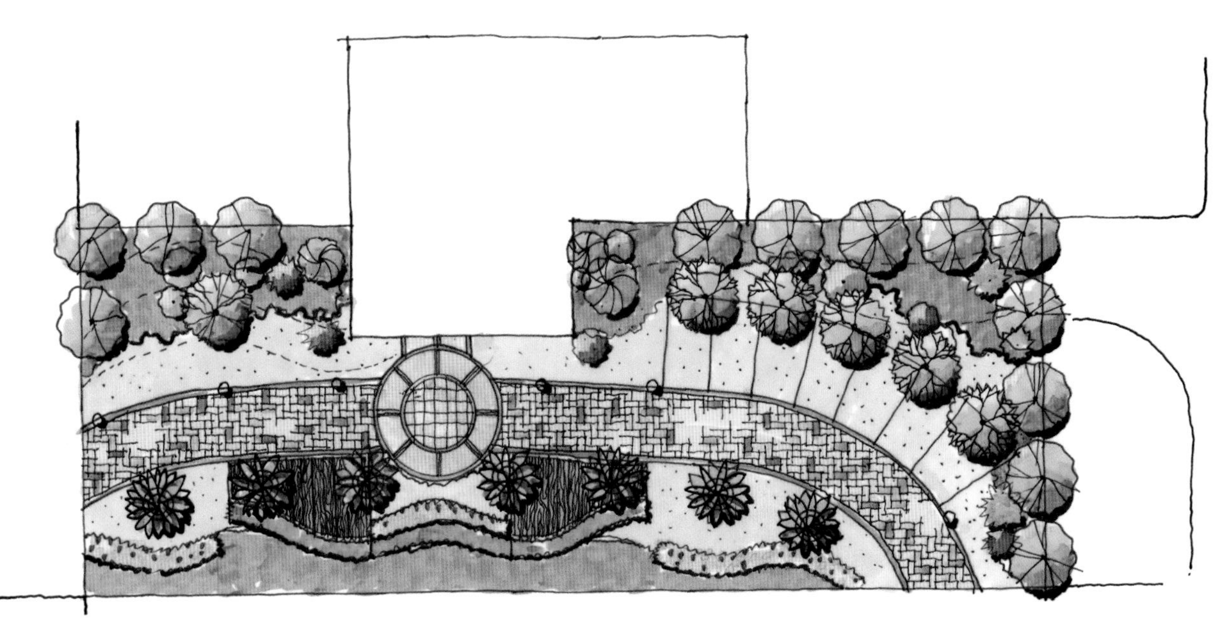

方案二

技能最为重要的要求。

通过以上方案的设计，能够清晰地看出，方案一是一种常见的布局设计方式，其路网、植物配置从容地布置，而方案二在设计方法上进行细微的调整，将路网、植物配置等都进行重新的布景，使得整套方案更加清新、明了，从而展示设计师对于设计构思表达的一种直观表现。

二、设计之眼

设计之眼是快题设计的核心部分，是整个设计的来源，通过设计构思、设计思维、设计创意将概念的想法展现出来。设计者要针对设计要求和规范进行合理的创意构思，通过不断地更替演变而成为属于自己的设计。这便要求设计者在日常生活中多留心观察身边的设计元素，多积累材料充实自己的设计技能，才可做到发散思维，不断推陈出新。设计本身都是为人类而服务的，好的设计力求当人们处于设计之中能感受到该设计所赋予人类的人文关怀和情感寄托。

三、设计取向

设计取向是在方案设计完成的基础完成之后，再一次反复修改和不断地调整的设计过程，而方案的每一次深化与完善都需要与设计的主旨相一致。设计取向所表达的是设计的深远性，一个好的设计理念不仅仅是浮于表层浅浅的一面，而是赋予内在的灵魂性。

不同的年代有着不同的历史，不同的区域有着不同文化，而这些历史、文化都随着时代的更替而更加光彩夺目。而好的设计亦是如此，设计者要紧握时势，抓住时代的特性加以辅助、强化设计理念，使设计达到更具说服力和吸引力的层面。

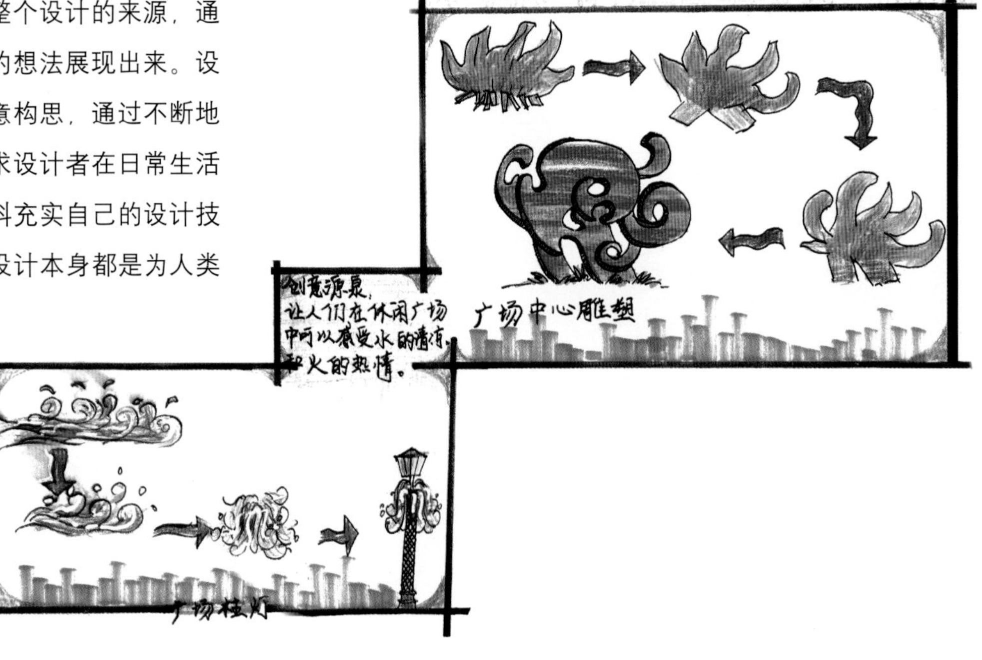

第三章　设计要求

第一节　基础知识

一、水体绿化

1. 绿化

绿化是园林景观设计中不可或缺的重要元素，合理的绿化设计可以用来营造空间、控制视线、改善局部小环境。园林风景中的绿化多指植物的种植，园林植物按照不同的分类标准分为乔木、灌木、藤本、地被、花卉和水生植物等多种类型。

在风景园林快题设计中，绿化设计一方面要符合场地的基础条件，不违背最基本的植物种植规律，另一方面要充分发挥植物在空间划分和景观营造上的作用。在园林风景设计中绿化率所占的比重是最大的，据统计，城市园林景观绿化率不得小于40%，新建居住区绿化率不应低于30%，旧区改建绿化率不宜低于25%，单位附属绿地面积占单位总用地面积比率不低于30%，学校、医院、休疗养所、机关团体等不低于35%。

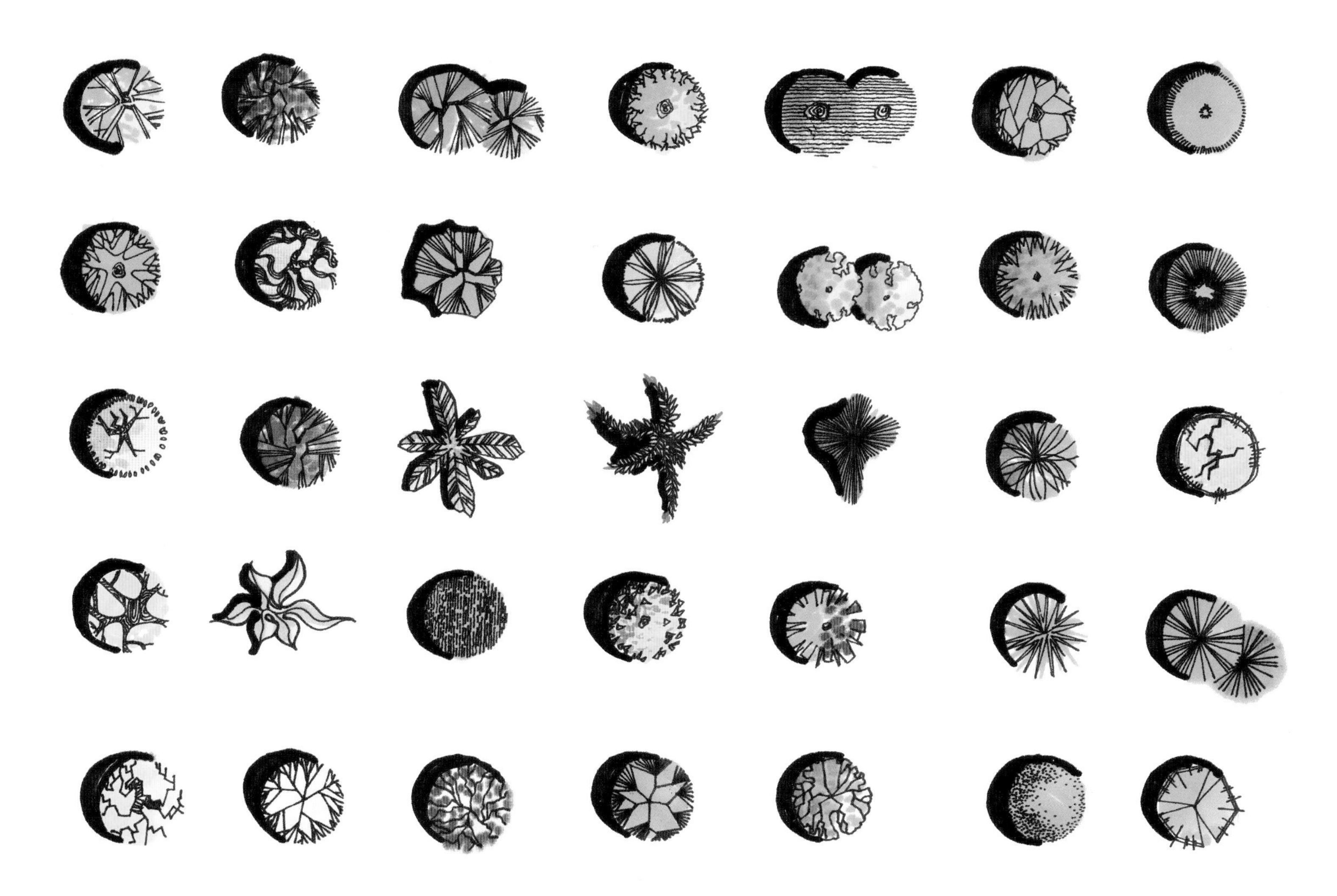

常见的园林植物主要有阔叶植物、针叶植物、绿篱、灌木等，植物的平面图形态一般以圆形为主，根据植物的特性进行细微的变化，在配置中可以单棵种植也可组团种植，合理的植物配置能够和谐画面，衬托出空间的整体形态。

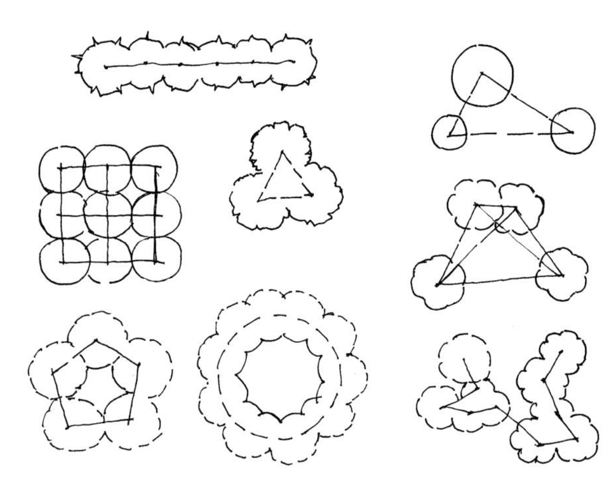

植物配置的两种平面形式

植物种植方式

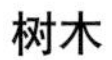

树木

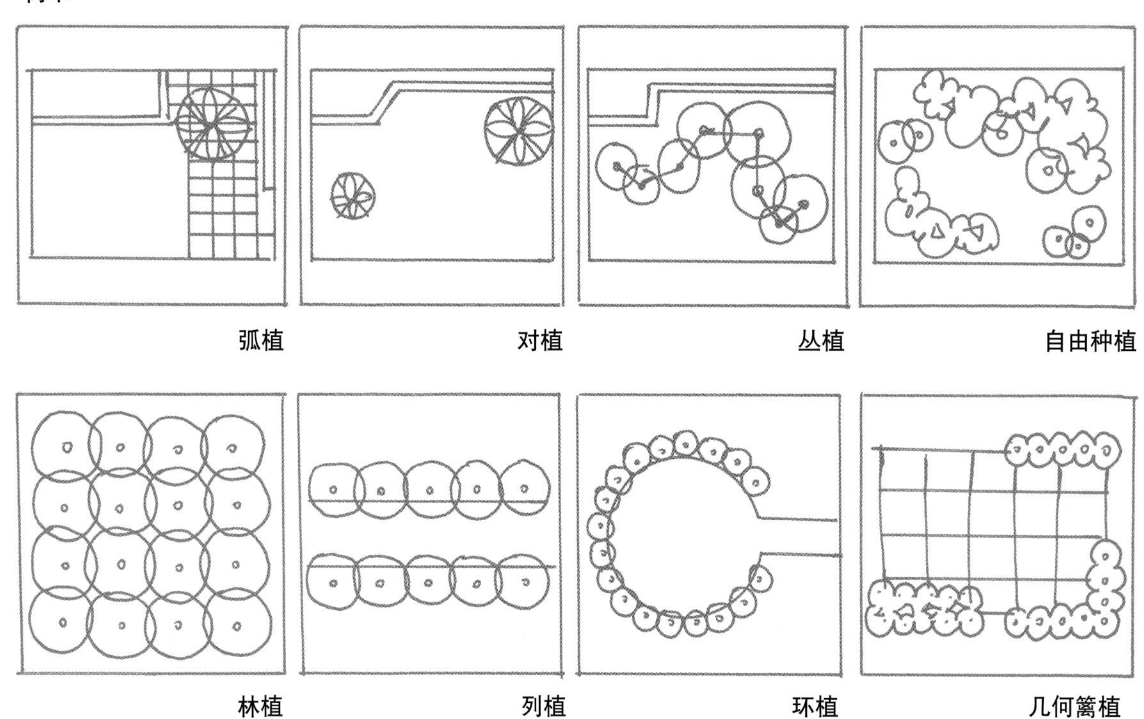

草坪

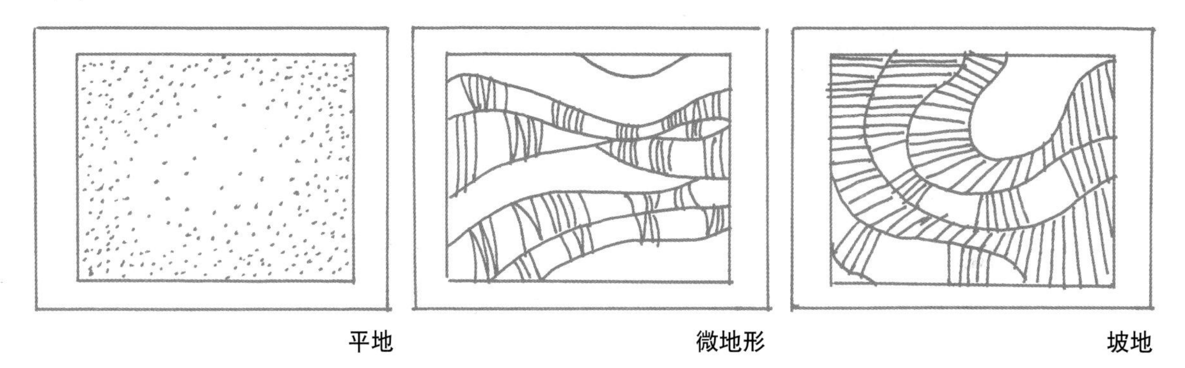

植物种植配置方式

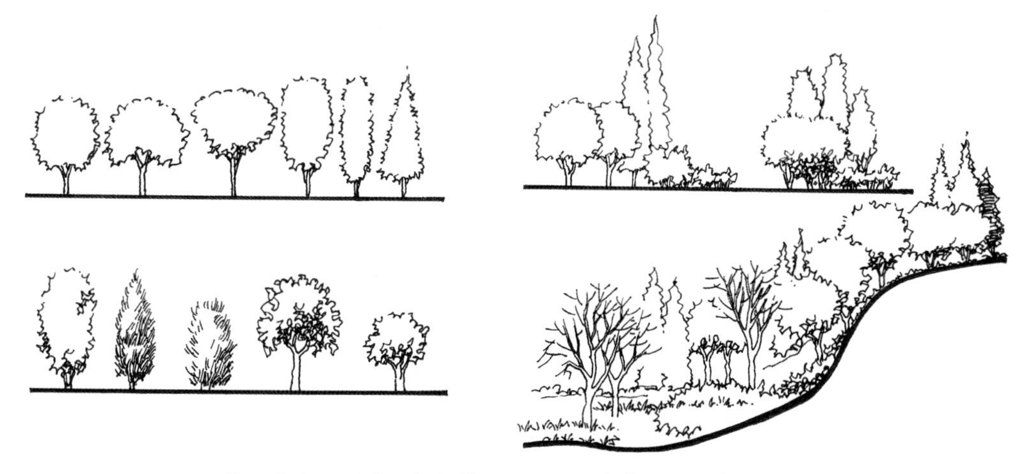

形状、大小、质感、色彩的对比是配置中获得变化的重要手段

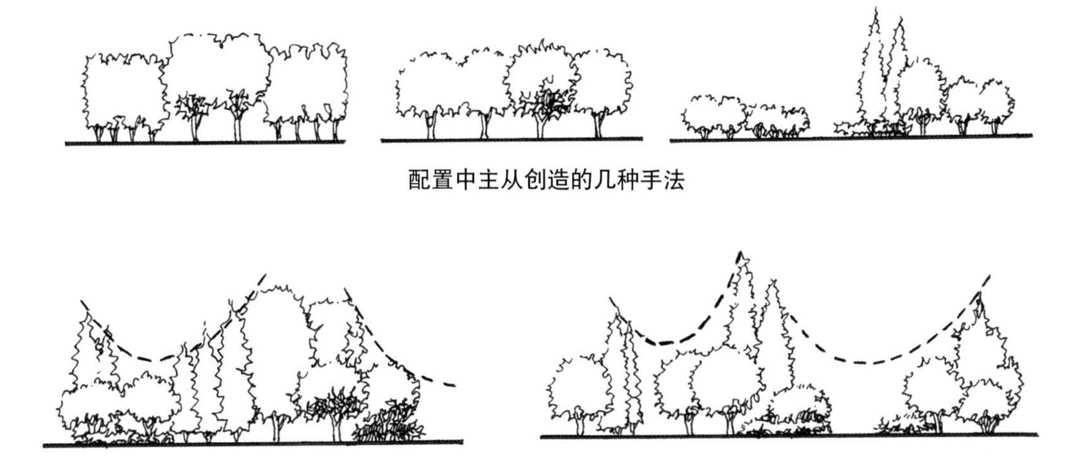

配置中主从创造的几种手法

配置中应注意整体构图的平衡

植物种植作用

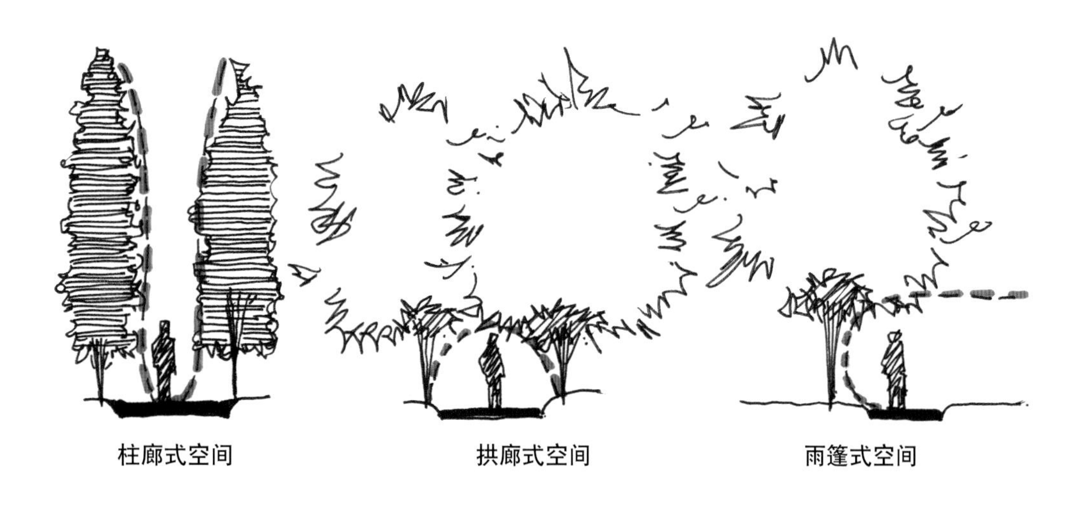

柱廊式空间　　拱廊式空间　　雨篷式空间

2. 水景

水景是园林景观设计中的基本元素之一，虽然所占比重很小，但是可以丰富画面、均衡色彩、增强空间的趣味性。园林景观中水景是变化多样的，在设计中不同的水景作用是不同的。按水景的尺度来分：大尺度的水景与陆地对应着整个场地的虚实划分，小尺度的水体则是空间中的视觉中心。

按水景的形式来分：自然式水体，形态多变，是模仿自然界中河流湖泊的局部片段，在图纸中多用串行、肾形、云形表示。而规则式水体，一般是指具有几何形态的水体，在比例、尺度方面要注意与周围环境协调。

按现有的实例资料统计，儿童戏水池最深处的水深不得超过0.35m；硬底人工水体近岸2m范围内的水深不得大于0.7m，达不到此要求的应设置护栏；无护栏的园桥、汀步附近2m范围内的水深不得大于0.5m。

按水景的动静来分：动态水景多指喷泉、瀑布、跌水等垂直动水，刻画动水的重点多在于动水跌落后形成的水花和水纹上。静水多指相对静止不动的水面，可通过刻画驳岸、水生植物等表现水体。水景是设计中的点睛之笔，水景的布局要结合画面其他要素，有主有次，有聚有散，创作统一协调的空间。

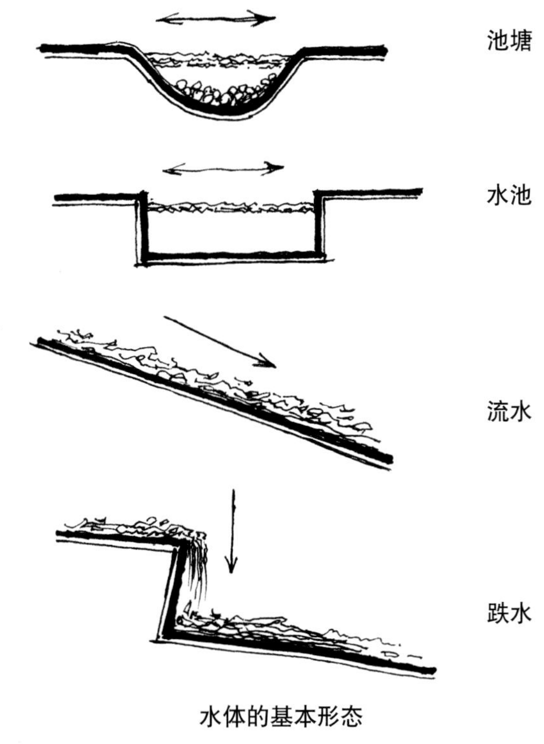

水体的基本形态

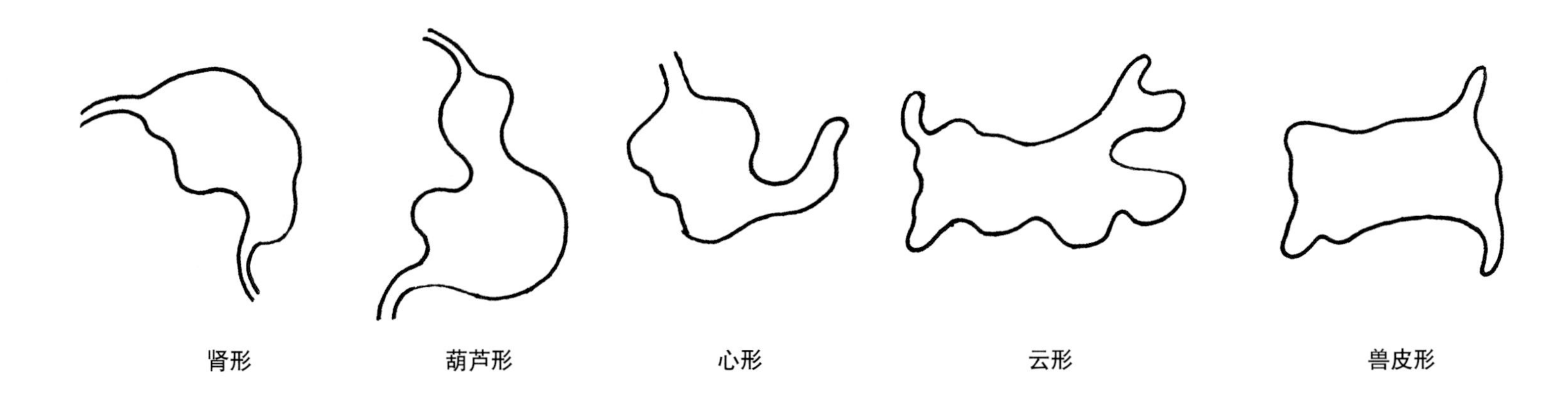

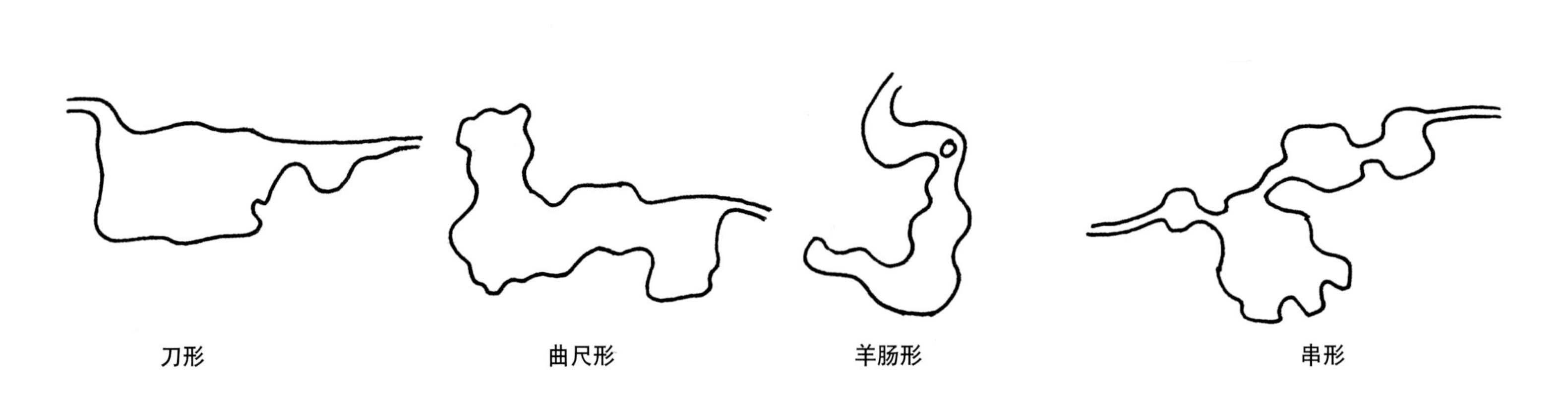

二、路网知识

景观路网是园林景观设计中的整体布局，是景观设计的重要构成元素。从功能角度来看，路网是交通、游览必要的媒介；从景观设计角度来看，路网是设计布局的骨架和脉络；从城市建设角度来看，路网是敷设水管和电力电信等管线的载体。

大尺度空间中常见的路网有三种形态：自然式、规则式和混合式。对不同性质的园林景观首先应分析现状，再采取不同方式的路网敷设。在园林景观设计中常根据人流量、主次景点分布和功能设施将道路分为以下四种：

1．主干道

主干道是形成道路系统的主环，途经重要的景观节点。在设计时须考虑日常车辆、救护车、消防车、游览车等的通行。道路的宽度一般为7～8m，若为突出局部主干道或是作为城市道路，可将宽度设置为8～20m，道路中间可设置景观绿化带。主干道纵坡宜小于8%，横坡宜小于3%，粒料路面横坡宜小于4%，纵、横坡不得同时无坡度。

2．次干道

次干道主要是连接主干道和各景点或是建筑物的辅助道路，须满足消防车辆通过，必要时可做消防通道，宽度一般在3～4m。次干道坡度宜小于18%，纵坡超过15%的路段，路面应作防滑处理；纵坡超过18%的路段，转弯半径不得小于12m。

3．游园小径

游园小径分布在景观各处，方便人们抵达各个景点，是景观路网中最安静、最亲近自然的休闲小路。结合周边环境因素，从空间构成的形式上可将其分为规则式和自然式。双人行走宽度设置为1.5～2m，单人行走宽度一般为0.6～1m，路面坡度同次干道要求一样。

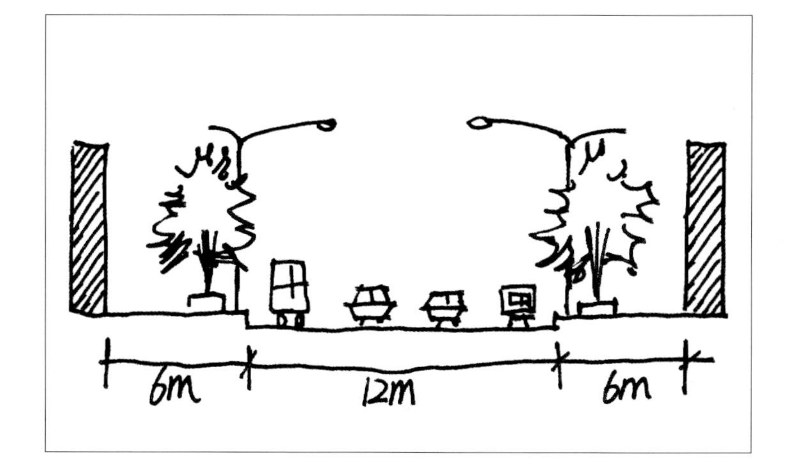

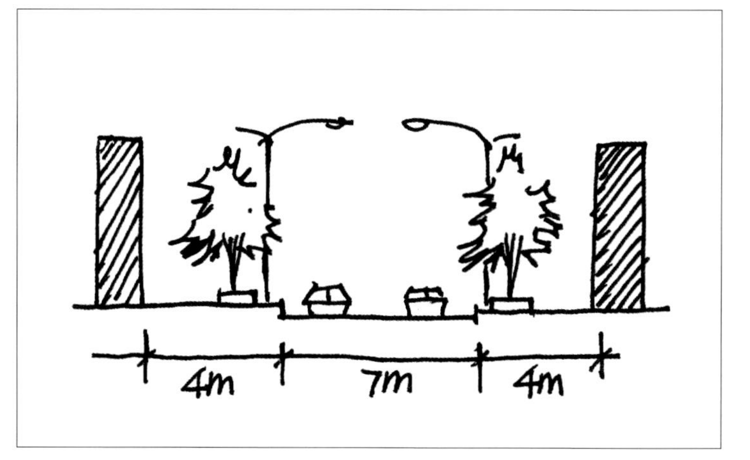

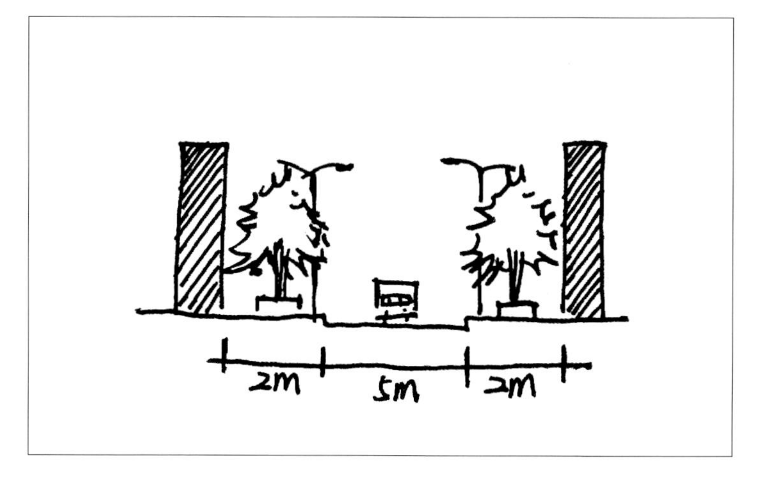

三、环境知识

1．地面铺装

地面铺装设计作为景观设计中的一部分，其表现的形式丰富多样，也受到场地多因素的限制。同时铺装的材料可丰富多变，铺装的方式也有不同，因此造成了风格各样的铺地形式。

通过铺装的形状、色彩、质量和尺度这四要素的组合产生多样的风格；通过点、线、面不同形式的表现可以产生强烈的节奏感和韵律感，同时具有引导视线的作用，并结合设计场地的地域性，选择不同色彩的铺装，形成不同地域民俗风情的装饰效果；通过尺度的变化和组合使立面得到更为丰富的图案。

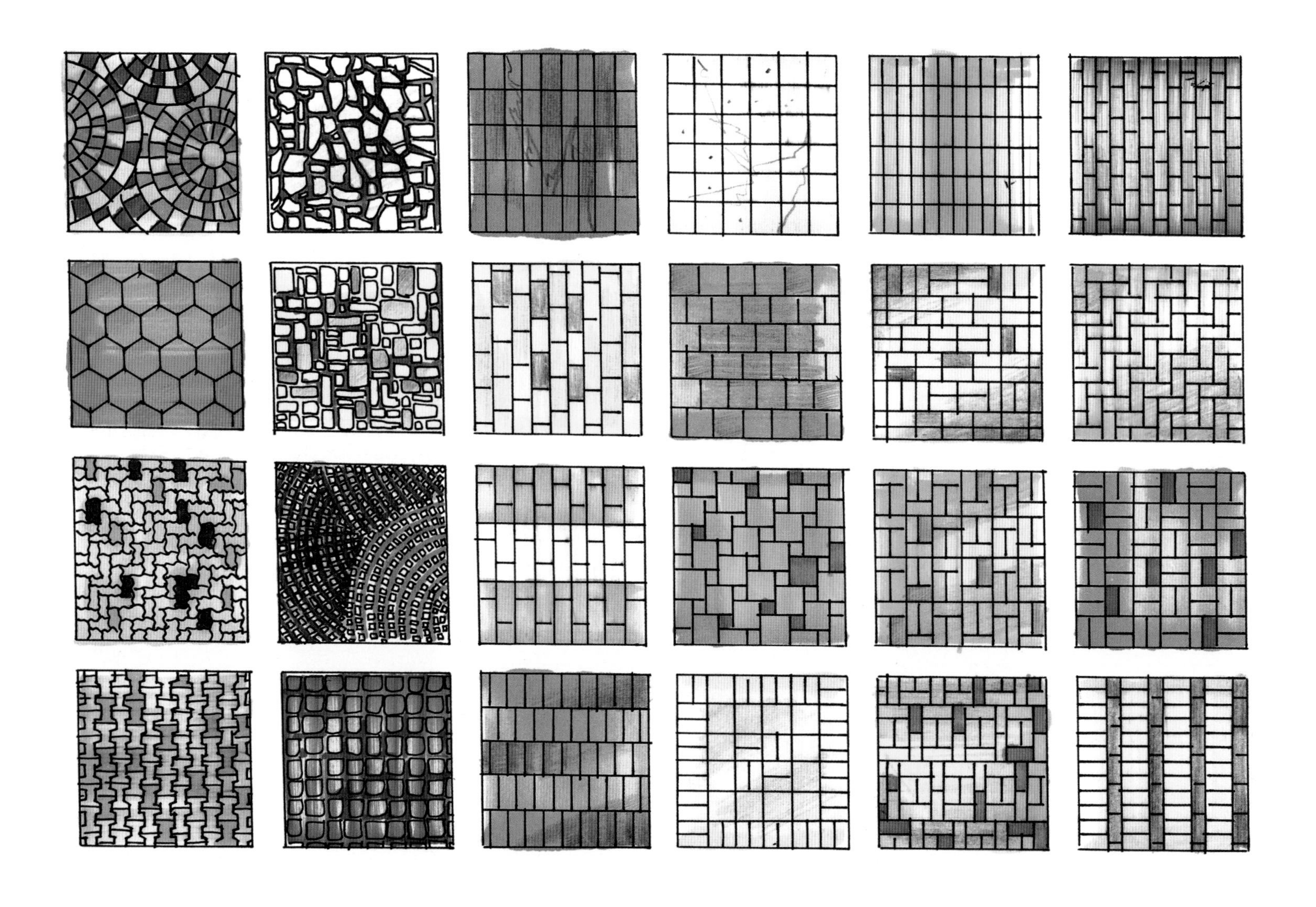

2. 广场设计

广场是人们聚集交汇的主要地点，也是园林景观快题设计的中心环节，广场的景观设计要比其他地方更具有吸引力，在广场的设计上除了美观性更多的是考虑其功能性，它不仅起到人流导向的作用，也是为人们提供休憩的场所，所以在设计时应遵循以下原则：系统性原则、完整性原则、尺度适配原则、生态性原则、多样性原则、步行性原则以及文化性原则。广场设计还需要注意广场内部设施、小品和铺装的点缀设计，要根据设计主题，内涵与形式相结合才会以简洁的平面塑造丰富的空间。

在快题设计中，主要明确广场的类型、位置与周边环境的关系以及广场的总体空间布局，设计出合理的出入口、通道、绿化、水体以及地面铺装等，另外需要注意各个空间的综合运用联系，以形成结构清晰、秩序明确的广场系列组合。

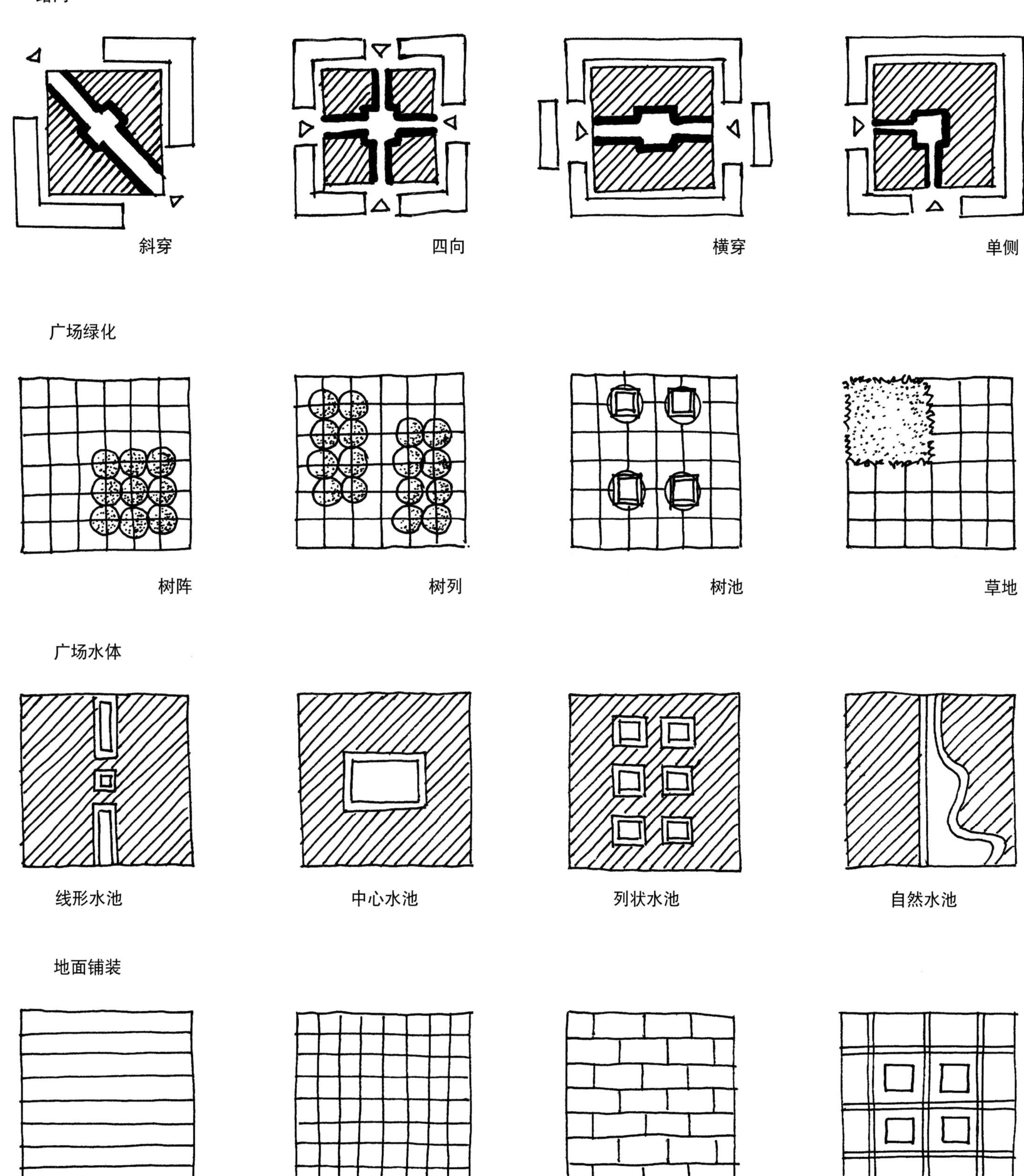
路网
斜穿
四向
横穿
单侧
广场绿化
树阵
树列
树池
草地
广场水体
线形水池
中心水池
列状水池
自然水池
地面铺装

3．运动场设计

运动场的设计在园林景观设计中也是常常遇到的，它的主题起着非常重要的作用，有利于锻炼身体，同时也适合各类竞赛及活动。在设计时应遵循干爽、平整、不积水、有遮阴、较宽阔等原则。

以下是常见的场地及尺寸：羽毛球场（单打）：5.2m×13.4m；羽毛球场（双打）：6.1m×13.4m；网球场（单打）8.24m×23.77m；网球场（双打）：10.98m×23.77m；排球场（6人制）：9m×18m；户外乒乓球场：1.5m×2.74m；篮球场（五人制）：14m×26m；足球场（小型标准）：54m×72m

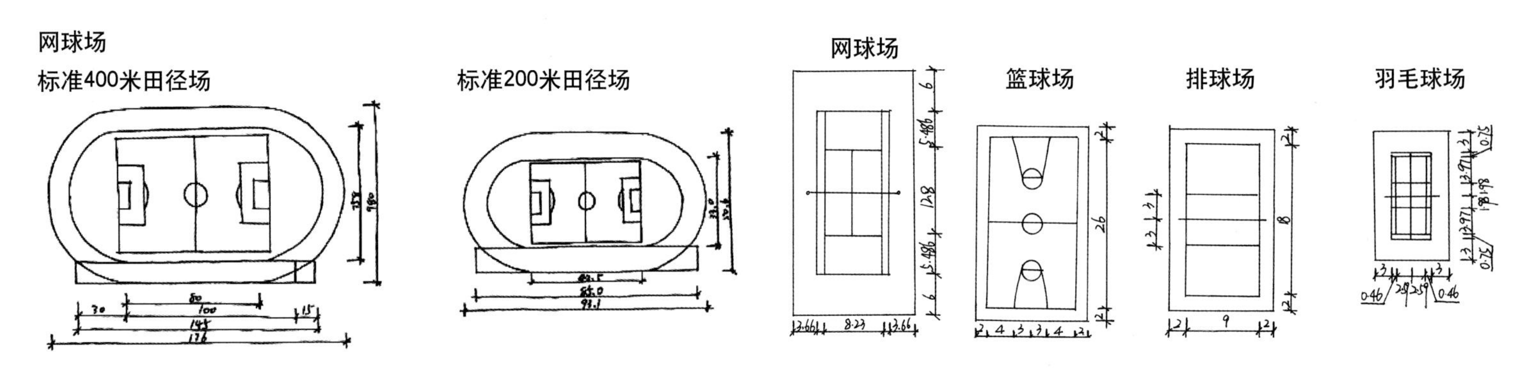

4．停车场

停车场主要是指对路外停车场的设计，是城市静态交通的载体，在环境空间中做好停车场规划与设计是十分重要的，对提高园林景观道路交通效率具有巨大帮助，既畅通又安全。停车场的设计可以根据车辆停放方式分为平行式、垂直式与斜列式。

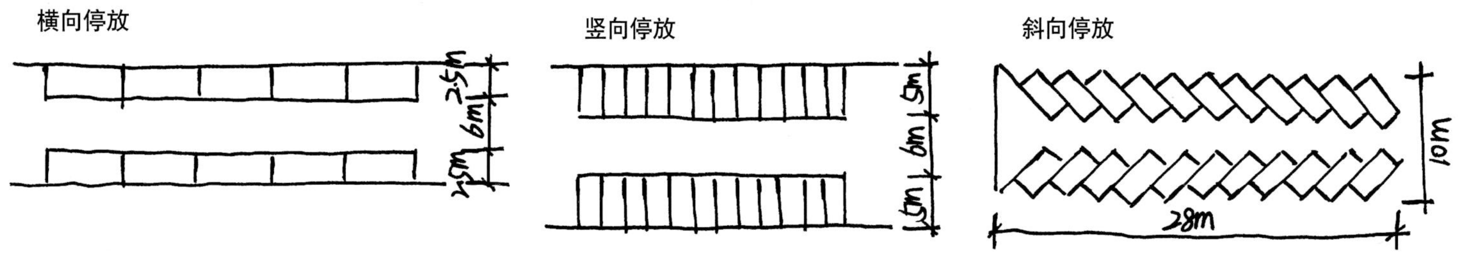

四、其他

1．回车场

供各种机动车调头使用的平坦场地，常设在道路的尽端。当尽端式道路的长度大于120m时，应在尽端设置不小于12m×12m的回车场地。尽端式消防车道应设有回车道或回车场，回车场不宜小于15m×15m。大型消防车的回车场不应小于18m×18m。

回车场

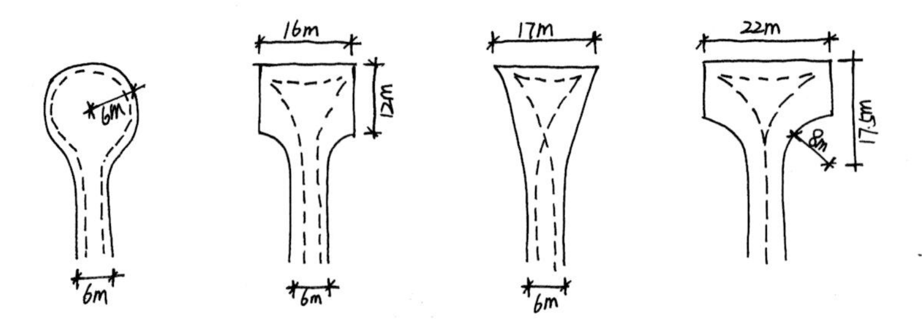

2．转弯半径

汽车由转向中心到外转向轮与地面接触点的距离称之为转弯半径，通常消防车的转弯半径为9m，登高车的转弯半径为12m，一些特种车辆的转弯半径为16～20m。

第二节　素材资料库

一、园林植物配景

园林植物是园林景观快题设计中重要的构成元素，是设计中所占比重最大的。植物的配置分为规则式和自然式种植，在设计时应根据设计场所的性质进行植物的合理配置，所以，园林植物的配置和表现效果也决定着整张设计的表现效果。

1. 乔木

乔木一般体型较大，具有明显的根部独立主干、分支点较高、树干和树冠区分明显、寿命较长等特点。成熟乔木一般能够达到5m以上。乔木按照高度划分可分为伟乔木（31m以上）、大乔木（21～30m）、中乔木（11～20m）、小乔木（6～10m）四类。按照树的形状分可分为尖塔形、圆锥形、圆柱形、圆球形、伞形、垂枝形、特殊形等几种。按照一年四季植物叶脱落状况可分为常绿乔木和落叶乔木两类。按照乔木叶片形状的宽窄可分为阔叶常绿乔木、针叶常绿乔木、阔叶落叶乔木、针叶落叶乔木4种。

乔木是植物设计中的骨干植物，对整个环境景观布局影响很大，常作为植物组合设计的中心植物，也常作为行道树遮阳成荫。羊蹄甲、桂树、香樟、法国梧桐、柳树、黄槐等都是常见的乔木行道树。

2．灌木

灌木没有明显的主干，多呈丛生状态。成熟灌木一般不高于3m。灌木按照高度划分可分为大灌木（2m以上）、中灌木（1～2m）、小灌木（小于1m）三类。按照一年四季植物叶片脱落状况可分为常绿灌木和落叶灌木两类。

灌木是植物设计中最具亲和力和创造力的植物种类。由于灌木的高度和人体高度相近，灌木所营造的空间和造型具有较高的亲和力，灌木的观花和观叶也最具有价值，应用范围较广。此外，灌木还承担着乔木和草坪的过渡作用。女贞、红花继木、杜鹃、连翘、含笑、鸭脚木等都是常见的灌木。

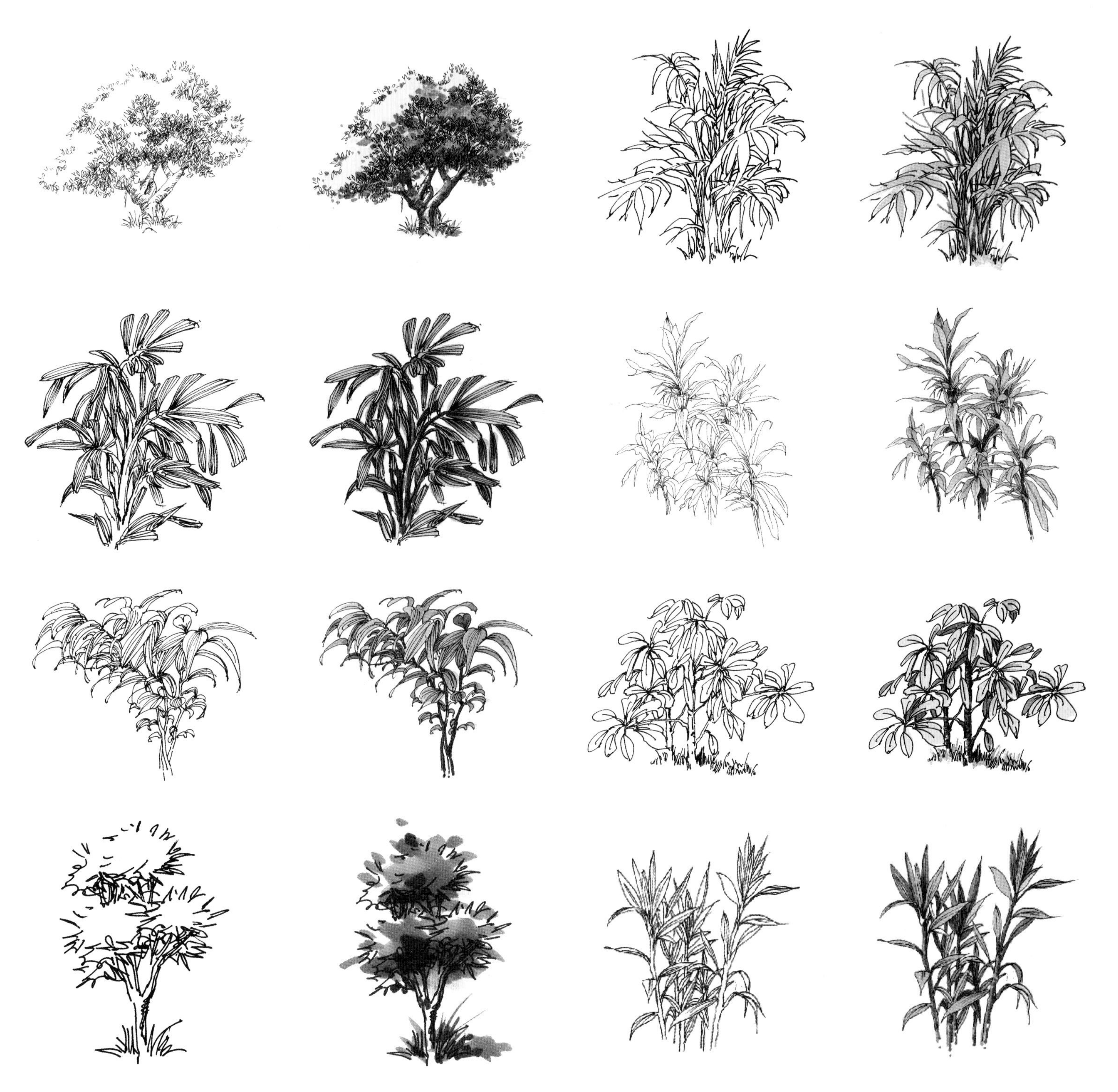

3. 棕榈科

棕榈科又称槟榔科，棕榈目只有这一科，目前已知有202属，大约2800余种。该科植物比一般都是单干直立，不分枝，叶大，集中在树干顶部，多为掌状分裂或羽状复叶的大叶，一般为乔木，也有少数是灌木或藤本植物，花小，通常为淡黄绿色，是单子叶植物中唯一具有乔木习性，有宽阔的叶片和发达的维管束的植物类群。在中国主要分布在南方各省，大约有22属60余种。从美洲引进的王棕和澳大利亚引进的假槟榔都是南方常见的行道树和庭院栽培树。

4. 草本植物

草本植物为一年生或多年生植物，需要经常打理，而且植株矮小，植株高度一般在10～60cm之间，所以经常将花草布置在灌木的最外沿，是和道路（人的立点）最近的植物种类，靠近人们行走的位置。花草色彩鲜艳，通常在节庆日作为临时用摆设。

通常将不同颜色花纹的草本植物进行种植或摆放，形成感染力极强的图案或纹理。

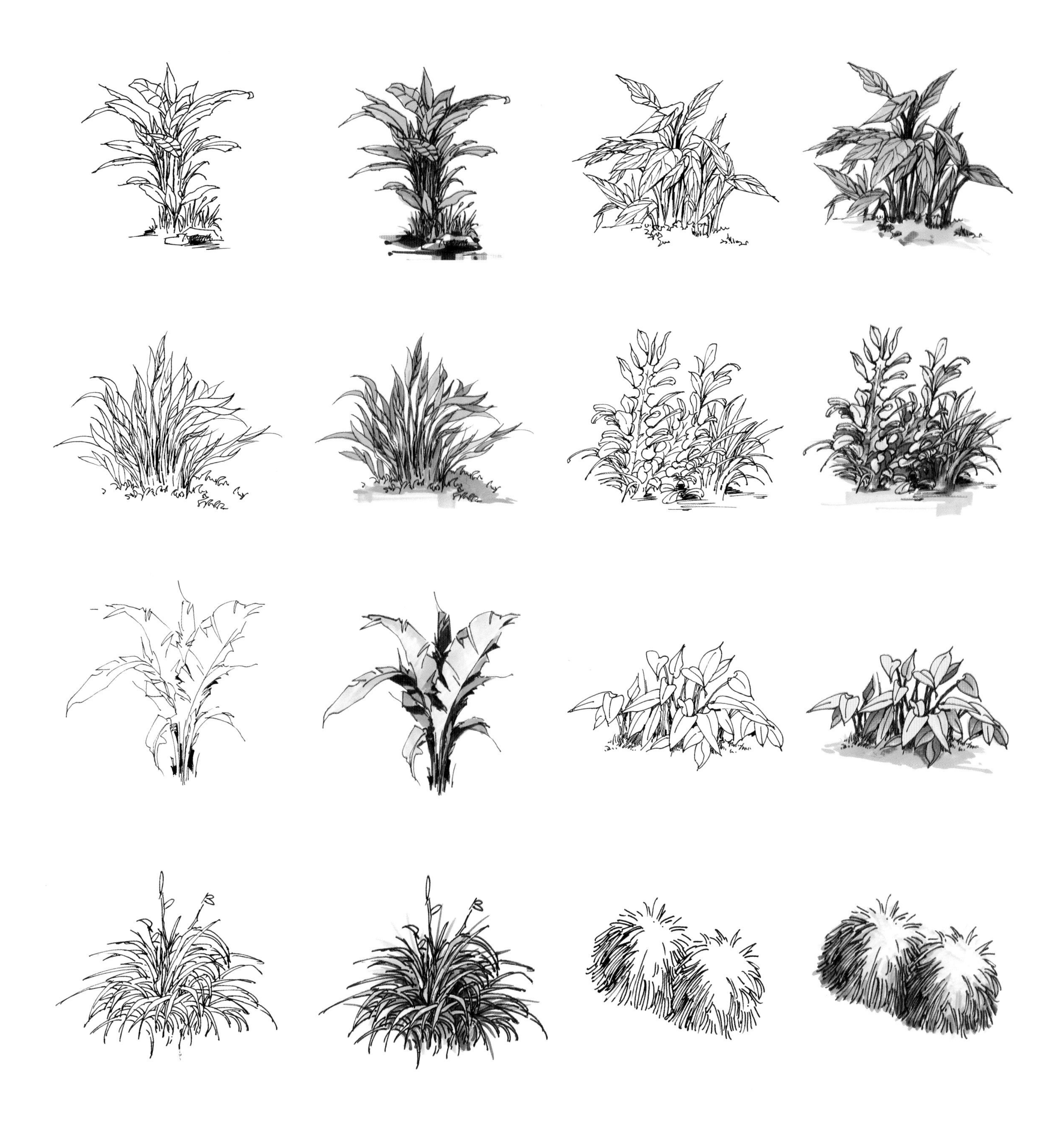

5. **水生植物**

水生植物是生长在水中或潮湿环境中的植物，主要包括草本和木本植物。水生植物资源丰富、品种繁多，各种水生植物原产地的生态环境不同，对水位要求也有很大差异，多数水生高等植物分布在100～150cm的水中，挺水及浮水植物常以30～100cm为宜，而沼生、湿生植物种类只需20～30cm的浅水即可。

6. 花卉

花卉有广义和狭义两种意义：狭义的花卉是指有观赏价值的草本植物，如凤仙、菊花、一串红、鸡冠花等；广义的花卉除有观赏价值的草本植物外，还包括草本或木本的地被植物、花灌木、开花乔木以及盆景等，如麦冬类、景天类、丛生福禄考等地被植物，梅花、桃花、月季、山茶等乔木及花灌木，等等。另外，分布于南方地区的高大乔木和灌木，移至北方寒冷地区，只能做温室盆栽观赏，如白兰、印度橡皮树，以及棕榈植物等也被列入广义花卉之内。

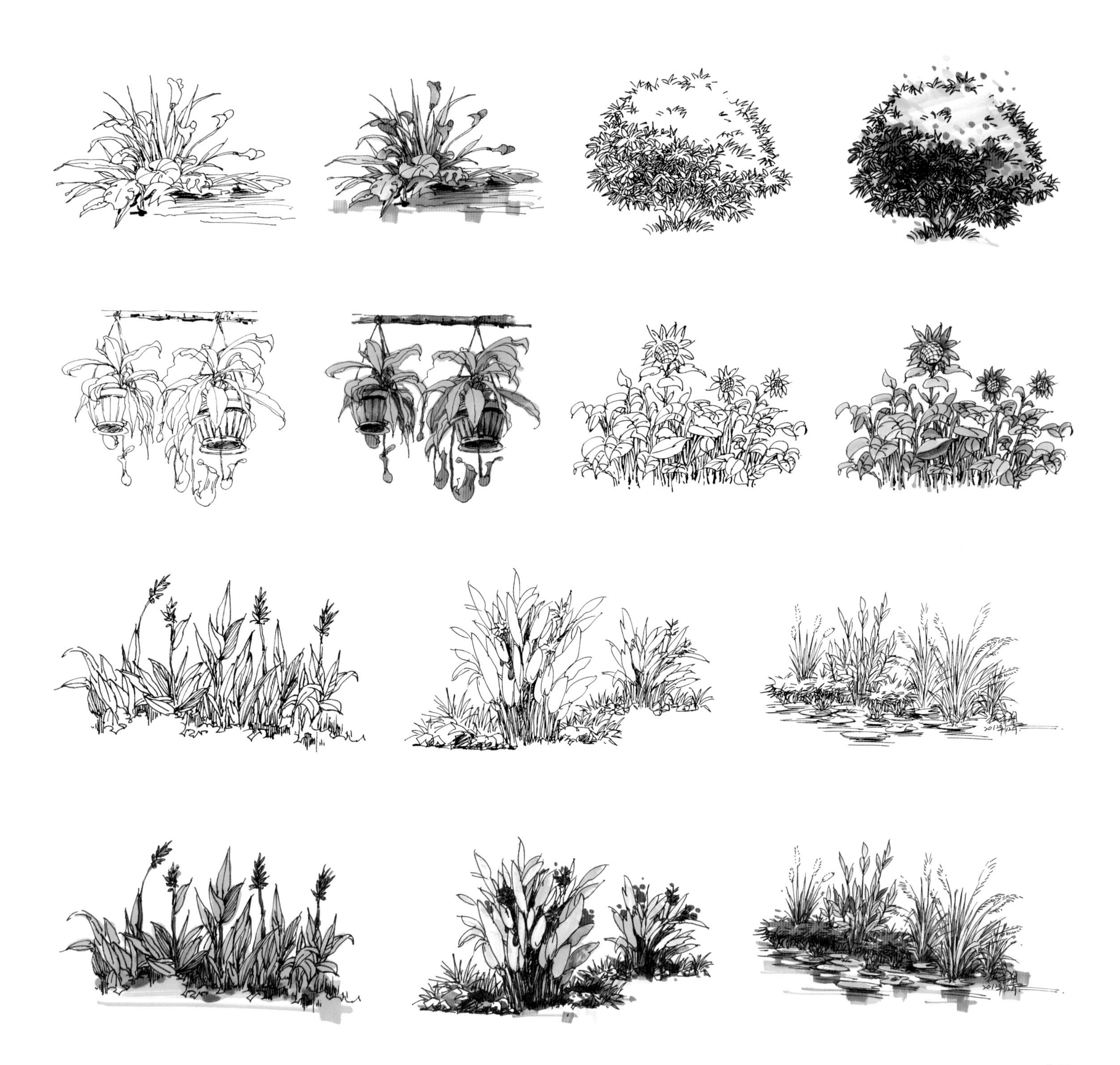

7. 配景

二、人、车辆、船配景

1. 人物

在剖立面和效果图中，人物的添加可以增加画面的空间感，营造氛围，但在绘制过程中要准确地表达人物的尺寸和比例。人物添加也不宜过多，点到为止。

2．车辆、船只

车辆和船只的添加使得画面有静有动，画面丰富，行驶的车辆、船只同时能引导画面的视觉中心。

ARTZX
Q.Q

三、构筑物

各类建筑及工程都是汇集了设计师的构思，结合地点与功能相适应的最优设计。一旦得以实现，最终的构筑物——无论是小木屋还是大教室，引水渠还是圆形大剧场，风车磨坊还是悬索吊桥，都会以其艺术魅力而流传久远。

优秀的构筑物是对其场所的表达，它与场地相呼应，每个构筑物都是其用途、场地关系及精神的表达。景观设计中的构筑物可能是建筑、亭台、桥梁、构架等，它除了某种实用功能外，在景观中还作为围合元素、屏障元素、背景元素，起到主导景观、组织景观、充当景框或者强化空间特性的作用。

四、墙面、屋面、铺装地面

墙面、屋面、铺装在园林景观图中出现使用还是比较多的，在表现时，应根据不同的质感属性采取相应的手法与工具，应抓住总体的色彩倾向，在不同的光线照射下所产生的效果是截然不同的，会产生一种渐变且过渡自然的效果，应注意纹样的虚实、疏密、冷暖、明暗等变化关系，同时刻画时不宜过于平均处理。

1. 墙面

2. 屋面

3. 铺装地面

铺装地面在园林景观设计中随处可见，在快题设计中，道路的表现与区分都要靠铺装的深入刻画。道路铺装又分为整体铺装、块料铺装和碎料铺装，在设计过程中要依据道路及周边的环境对铺装进行设计绘制。

五、山石、水景、天空配景

山石、水景在园林景观设计中也是非常重要的构景元素之一，山石既可单独成为主体景观，独石造景，也可用于驳岸、植物或建筑的点缀，同样也可以与水景搭配组成自然趣味的山水景观。石的形状千姿百态，表面纹理、色彩变化丰富，在绘制时需要着重强调纹理结构。

1．山石

山石的表现主要体现在线稿的绘制上，山石形态各异，纹理色泽不一，要熟悉掌握各种山石的形态和纹理。

2. 水景

水景是园林景观表现的重要部分。水景在园林景观中的运用就是利用水的特质、水的流动性贯通整个空间。通常水由于受到日光的影响而呈现蓝色，水体的表现主要指水面的动与静两者的关系，动水有波纹水平运动和瀑布、跌水等垂直水相区分。水景的表现是在用线条表现水纹的基础上进行彩铅或者马克笔的表现，线条可用直线可用曲线，根据画面的明暗变化绘制线条，主要是要画出它的特质，画出水的倒影，画出它的微波粼粼的感觉。

（1）静水

主要以水体汇集形成的景象，包括湖、池、潭等几种形式。静态水体主要以平静的表面呈现出周围的倒影，增加了景观的层次性和丰富性，给人以美好的感受。通过水面相对静止不动的水体表面，水明如镜，可见清晰的倒影。表现时宜用平行直线或小波纹线，线条要有疏密断续的虚实变化，以表现水面的空间感和光影效果为主。

（2）动水

动态水体是通过水位的高差关系而形成的流动的水体，主要展现水体的动态美。动水的落差小，水流缓慢，体现婀娜妩媚之美，比如溪流、跌水等。动水的落差大，体现热情奔放之美，比如瀑布、喷泉等。在狭义的景观设计中多以人工水体模仿自然动态水体，以充分体现自然美。在表现时可采用斗线或波浪线的手法来表达水面的飘动运动之美。

3. 天空

天空的绘制是为了增添画面的氛围。在完成画稿后为了协调画面进行天空的绘制，可用彩铅或马克笔，颜色不宜鲜亮，否则会使得画面主次不分。

六、其他园林配景

雕塑及各类艺术小品是景观中重要的点景元素，对于点缀和烘托环境气氛，增添场所的文化气息和时代风格起到重要的作用。有些艺术小品同时还具备一定的功能。总的来说，景观设计中艺术品的设置能对环境的思想性、艺术感染力起到提升的作用。

公共设施建设也是园林景观设计的基本元素之一，公共设施的功能及其形态、形式的完美结合，是设施与环境融为一体的关键因素。公共设施的合理布局不仅可以维护环境的整体化，同时为提高功效，节省空间，方便人们生活发挥着重要的作用。我们常见的公共设施按其功能可划分为：休憩设施，如圆椅圆凳；照明设施，如路灯、地灯、霓虹灯；服务卫生设施，如电话亭、标志牌、垃圾箱；娱乐设施，如游戏和休闲广场；无障碍设施等。园林景观的公共设施的刻画，要抓住事物的形态和特性，简单勾画即可，主要是用来丰富画面效果，增添画面氛围。

艺术品的设置要注意以下几点：尺度上的把握，即统领空间，成为空间焦点，主要把握人的观看距离和尺度的关系；形式的统一，无论是抽象艺术品还是具象雕塑，都需要与周围统一协调，反映环境的精神特征，使环境的主题更加明确，更富于精神内涵。

FIRE
LANE

第三节 应试技巧

一、平面图

平面图是快题设计中最重要的部分，它集中表现了场地的功能划分、空间布局、景观特点。所有的设计图都是基于平面图之上的，绘制平面图应突出设计意图，准确地传达设计者的设计思路。平面图在图纸上所占位置和比例大小也是极其重要的，摆在观赏者的视觉中心，会使人印象深刻，脱颖而出。

景观设计的总平面图表明了一个区域范围内景观总体规划的内容，反映了组成景观环境各个部分之间的组合关系及长宽尺寸，是表现总体布局的图样。平面图的具体内容包括：表明用地区域现状及规划的范围；表明对原有地形地貌等自然状况的改造和新的规划；以详细尺寸或坐标网格标明建筑物、道路、水体系统及地下架空管线的位置和外轮廓，并注明标高；表明园林植物的种植位置。

在设计过程中，设计者必须绘制完整的图面以表达设计构思。与透视图、剖面图和立面图相比较，平面图被视为最有效的沟通图示。在快题应试中，尤其要注意平面图的表达，平面图表达的优势直接关系到设计的第一解读，它决定着卷面的第一印象。因其中隐含着绘图技巧及才能的表达，高品质的图稿具有视觉上的吸引力，它同时有效地显示出设计的内涵，有水准的图稿将提升作品的分量。

一张好的景观设计平面图中囊括了各种元素，如绿化、道路和水体的表现，这些构成元素的设计影响了整张平面图的效果，从植物配置、道路系统安排和水景的相互交融都会体现出设计者的设计能力和表现功底。这便要求设计者要熟练掌握这些元素平面图的表现技法。

在景观快题设计考试中常会遇见的一些广场设计、滨水景观设计、入口设计等，考生在有限的时间内如何绘制出让人印象深刻的设计平面图，这便要求设计者有着厚实的积累基础，熟练掌握一些有特色的节点平面图，强加练习，熟记于心，做到胸有成竹，自然可以妙笔生花了。

在绘制平面图过程中需要注意以下几个方面：1. 元素的表现要选用恰当的图例；2. 平面表现上要有明暗层次；3. 主次分明，整体把握。

1. 植物

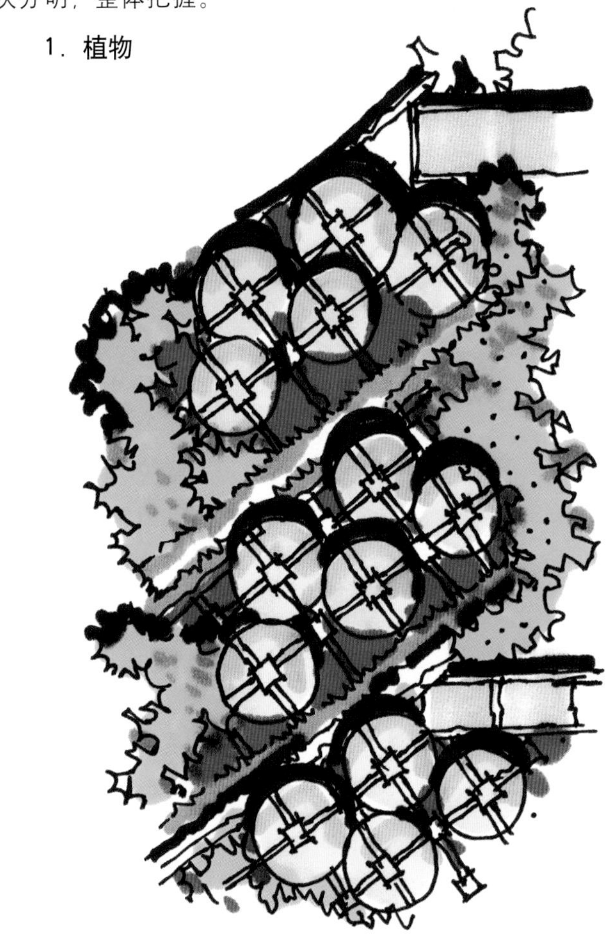

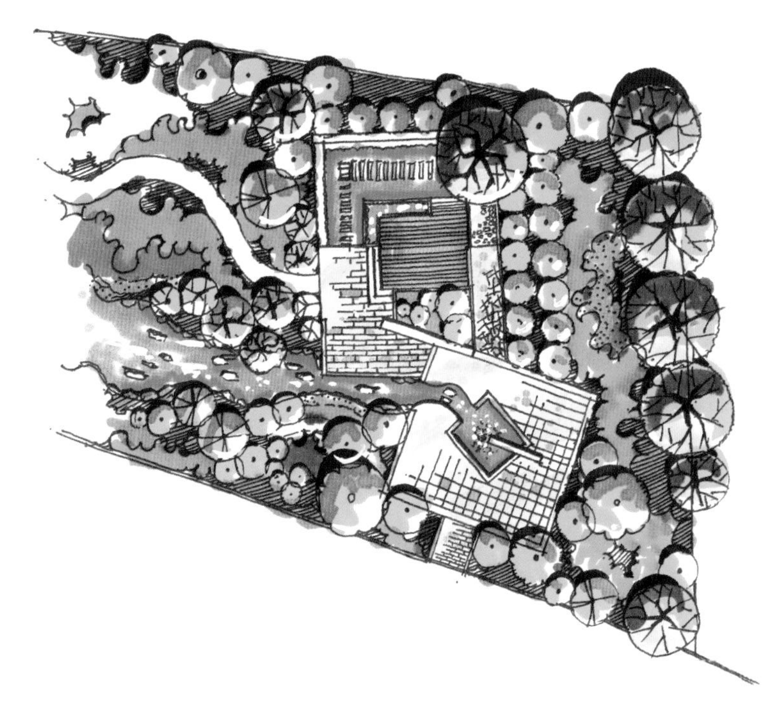

2. 道路

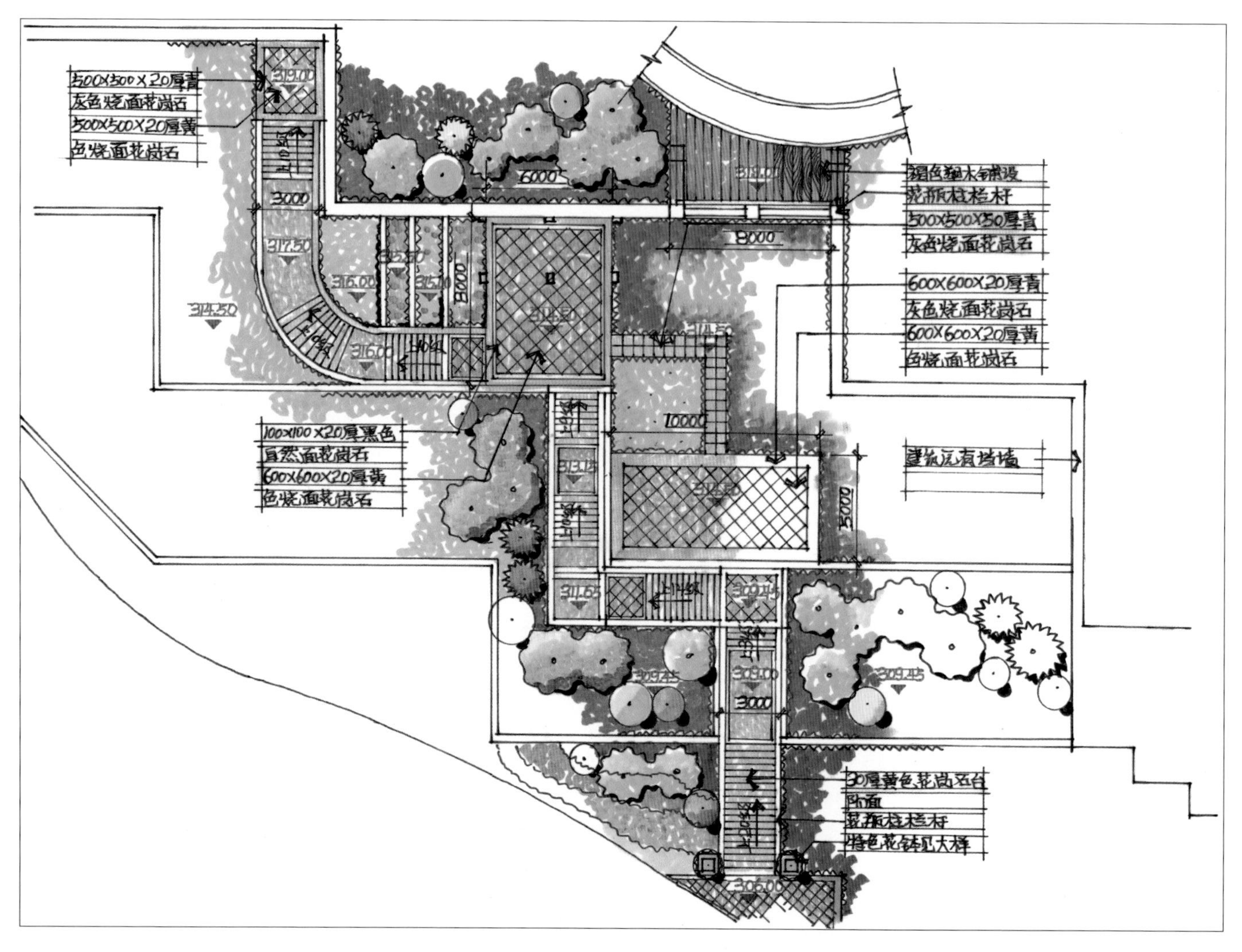

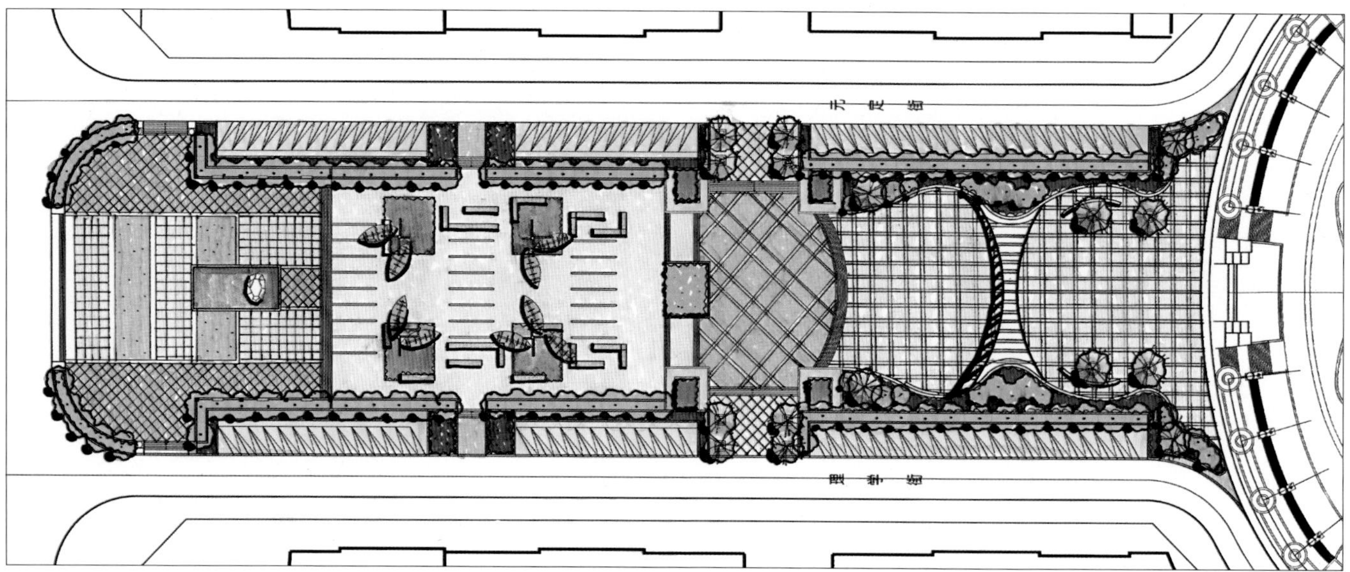

设计师：卢剑伟　严生钢

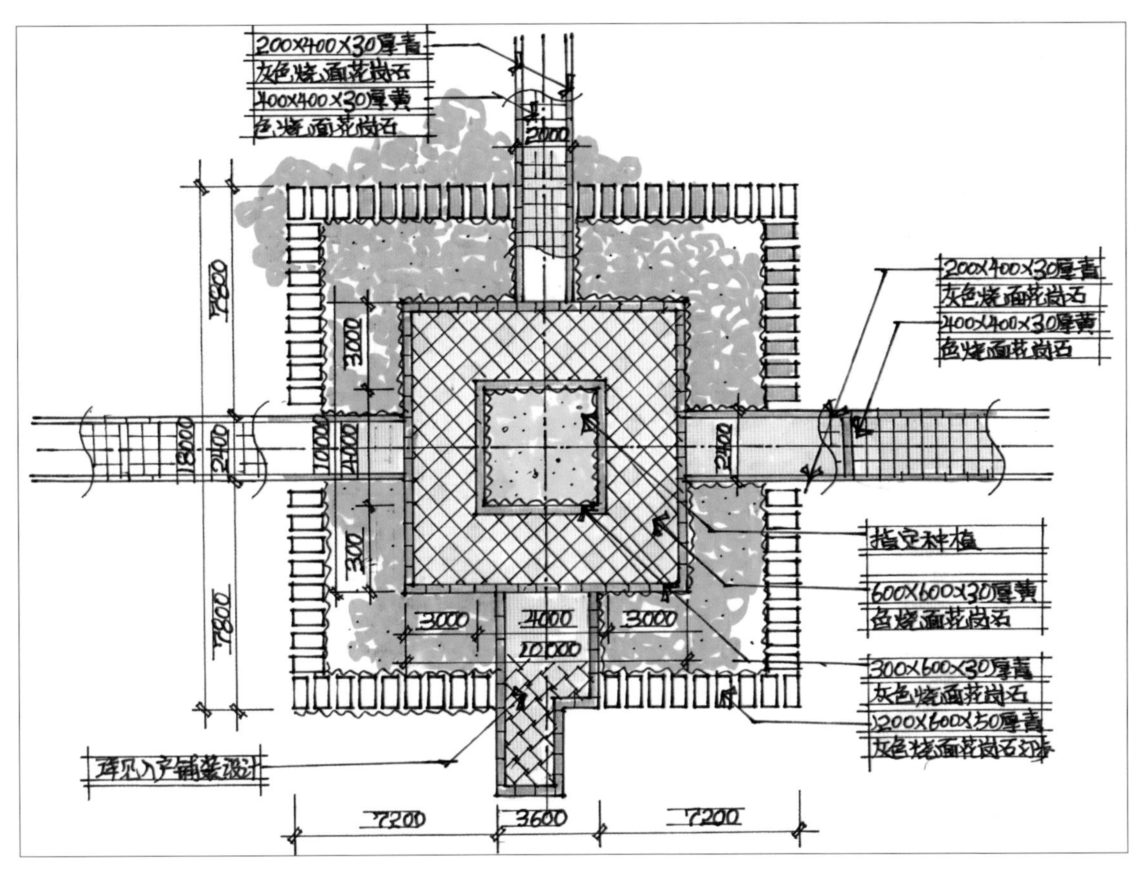

200X400X30厚青
灰色烧面花岗石
400X400X30厚黄
色烧面花岗石
2000
7800
3000
18000
2400
10000
4000
300
7800
2400
200X400X30厚青
灰色烧面花岗石
400X400X30厚黄
色烧面花岗石
指定种植
600X600X30厚黄
色烧面花岗石
300X600X30厚青
灰色烧面花岗石
1200X600X50厚青
灰色烧面花岗石汀步
3000
4000
3000
10000
详见入户铺装设计
7200
3600
7200

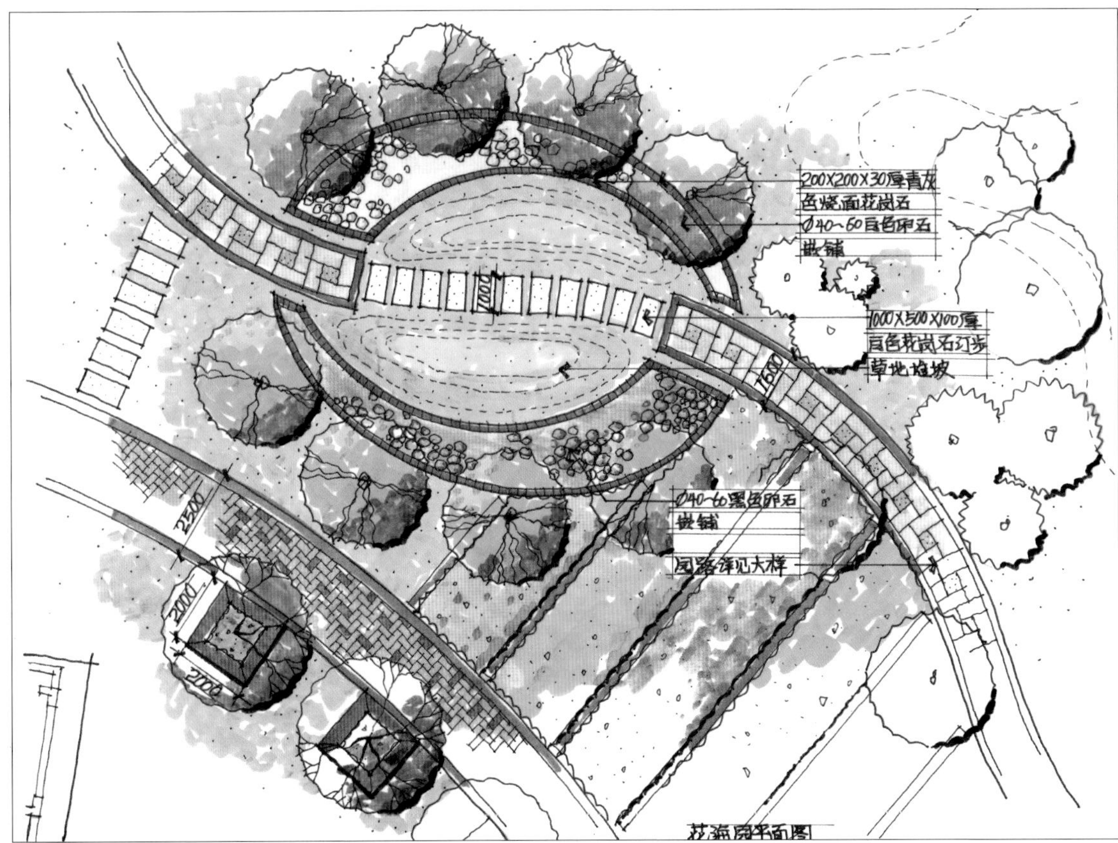

200X200X30厚青灰
色烧面花岗石
Φ40~60白色卵石
嵌铺
1000
1000X500X100厚
白色花岗石汀步
草地缓坡
1600
Φ40~60黑色卵石
嵌铺
园路详见大样
2300
2000
2000
花溪园平面图

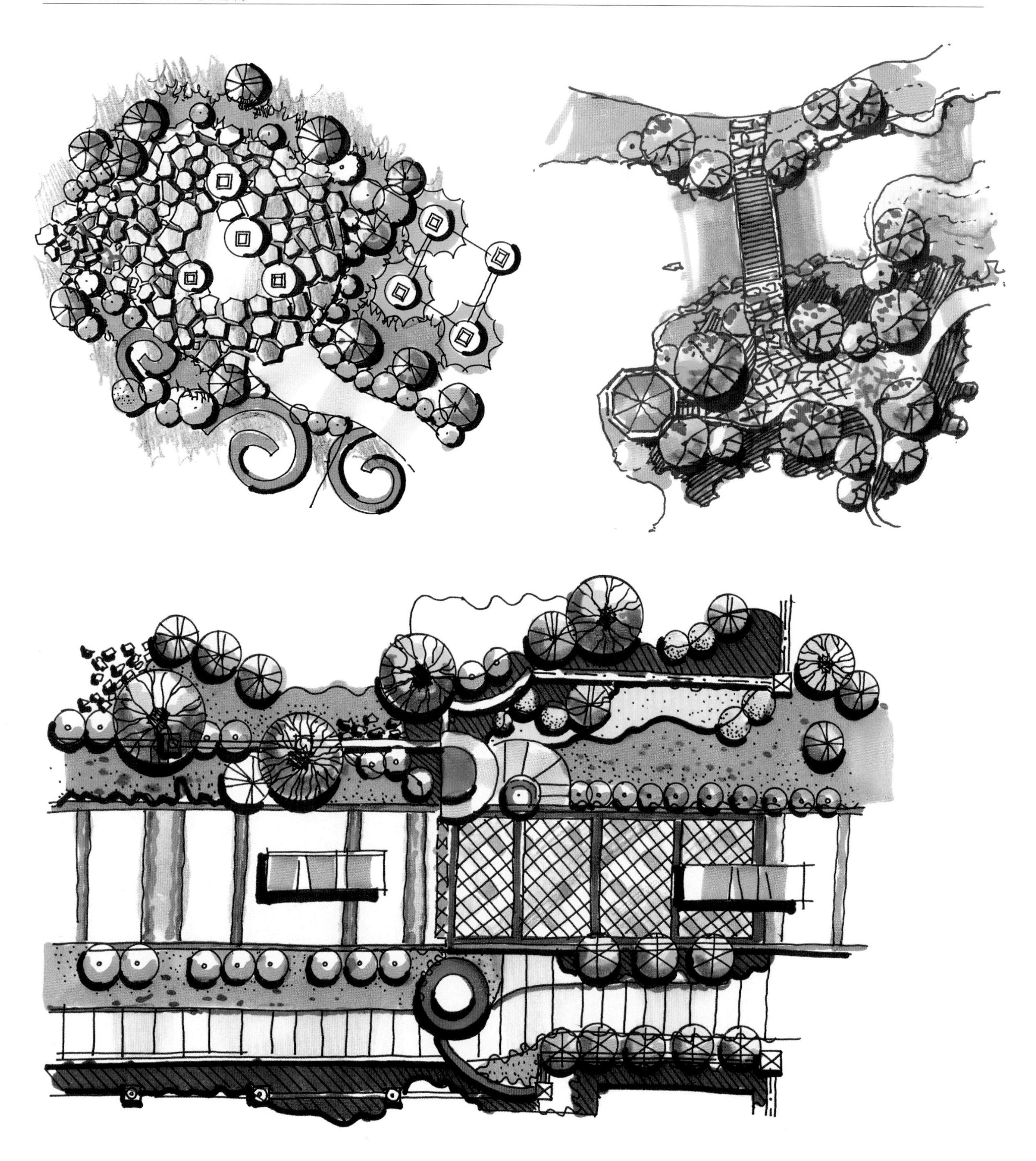

3．入口

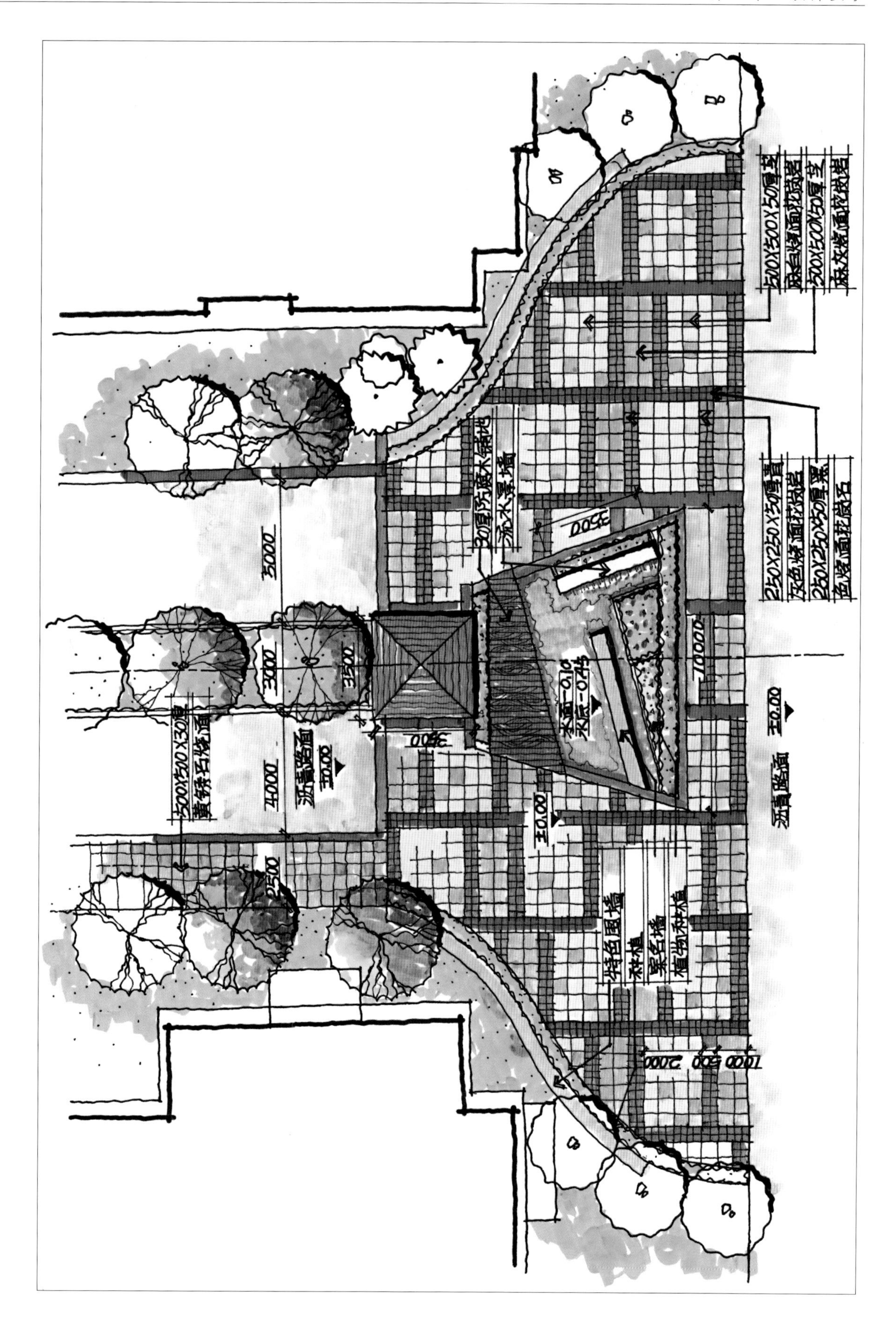

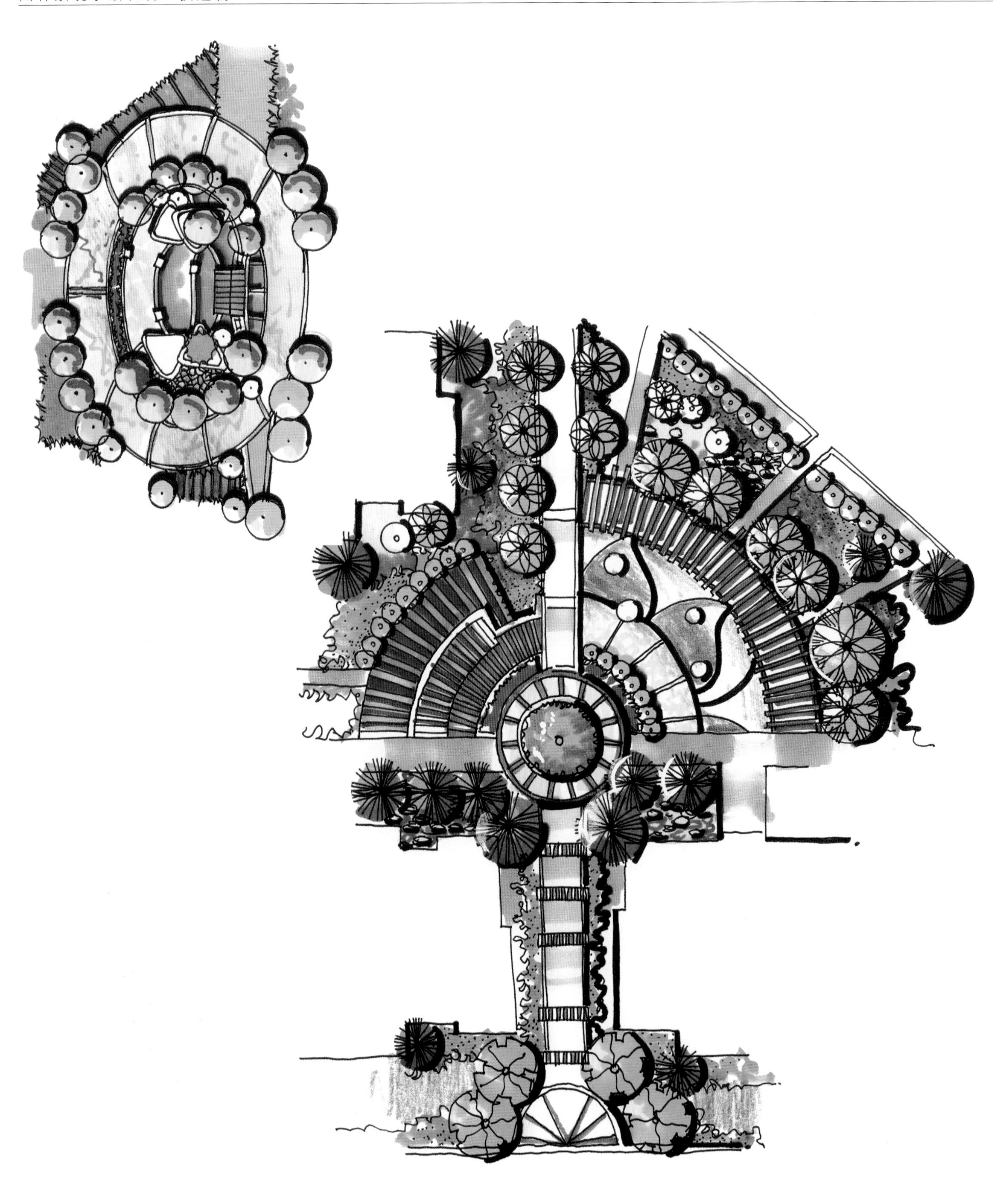

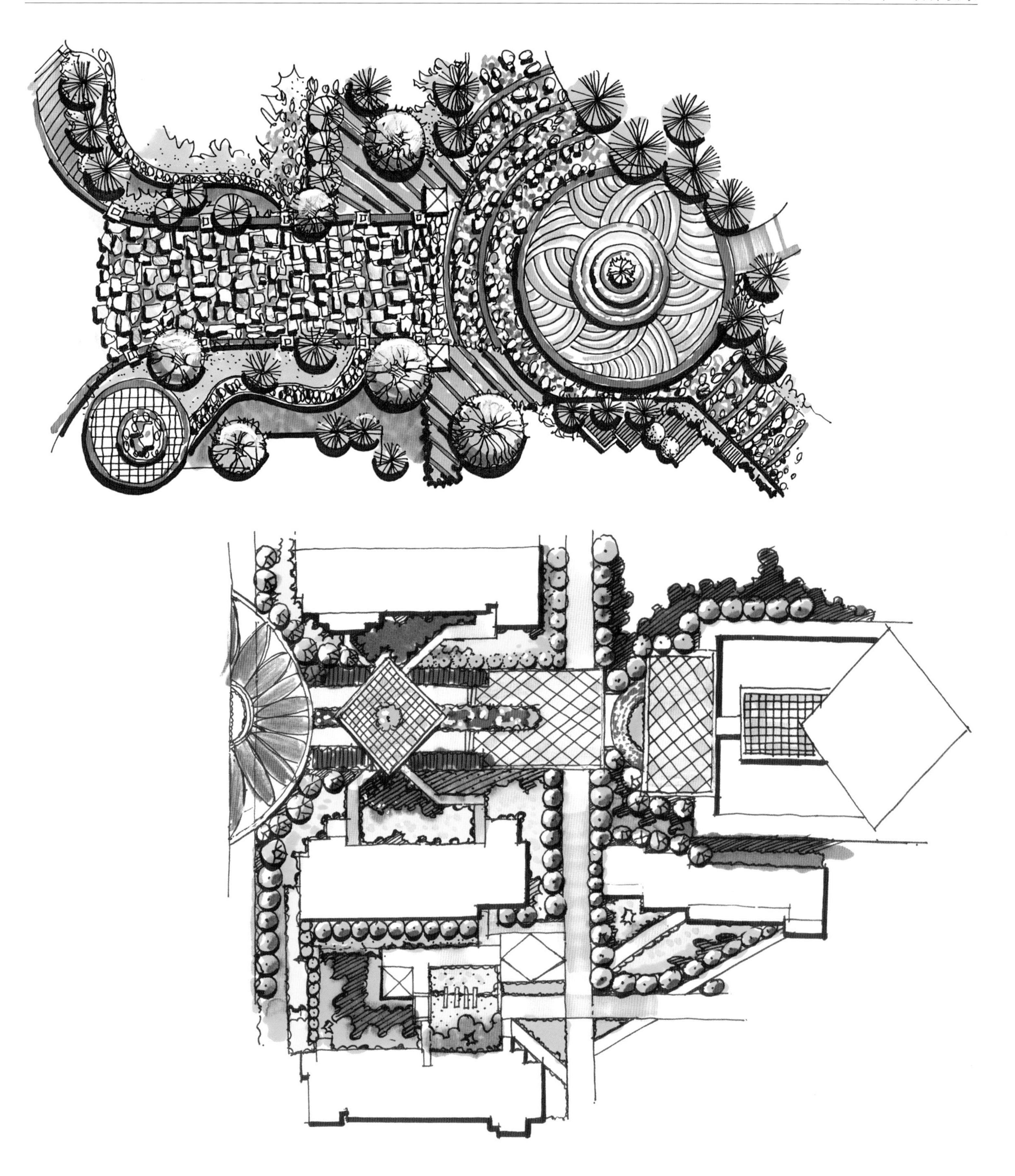

4．休闲场所

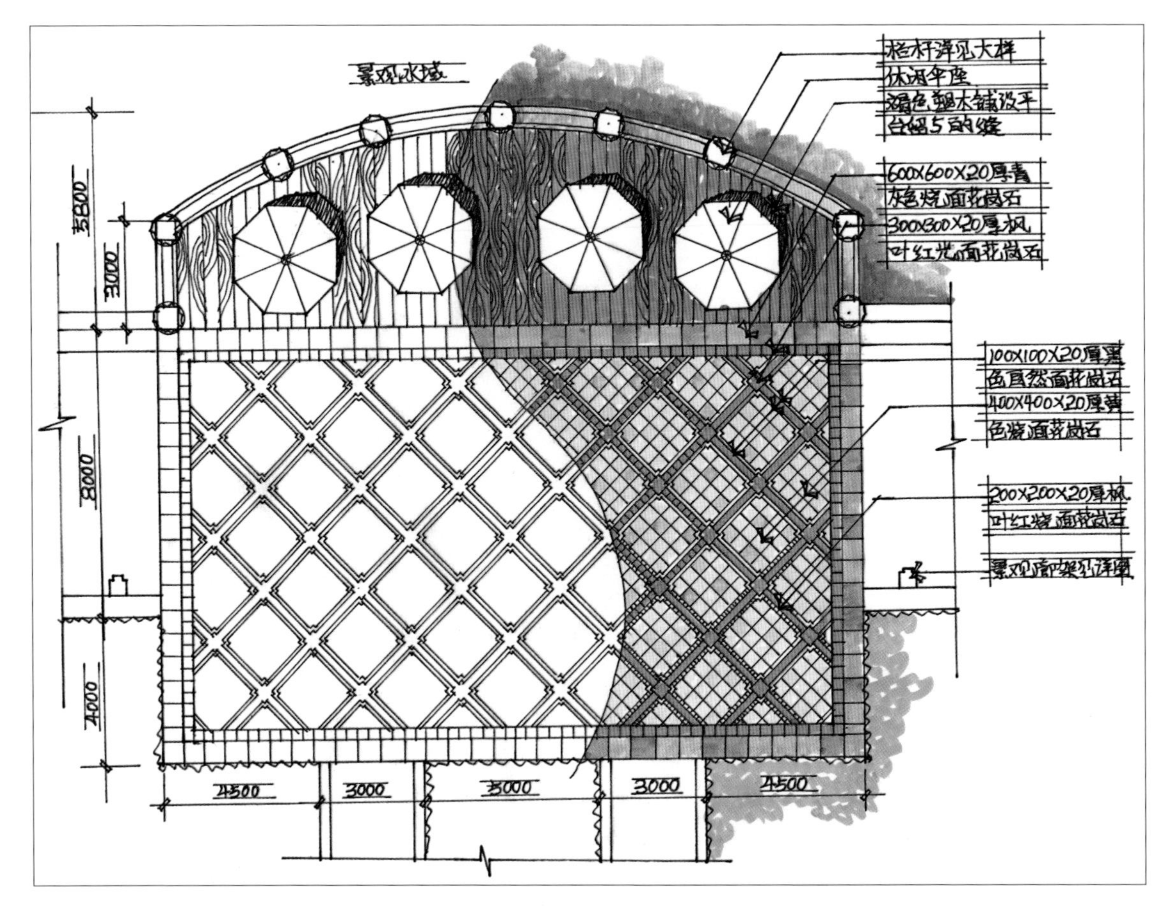

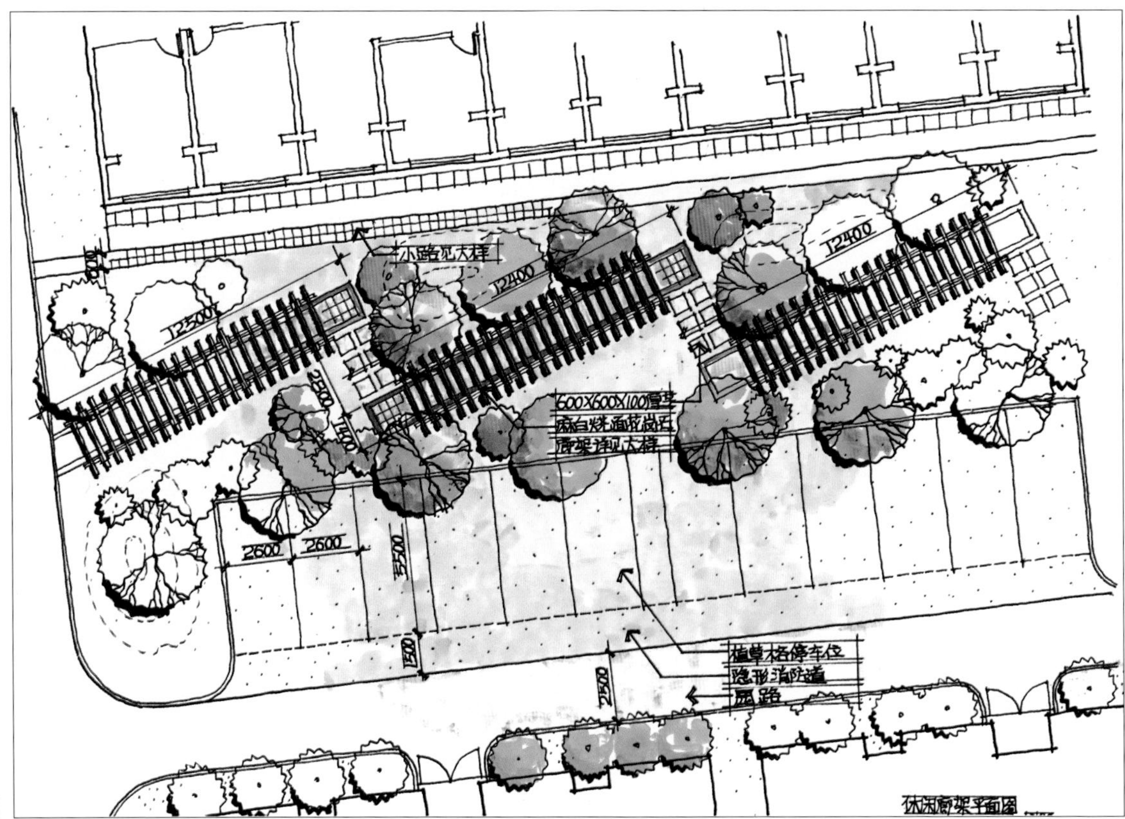

设计师：卢剑伟　严生钢

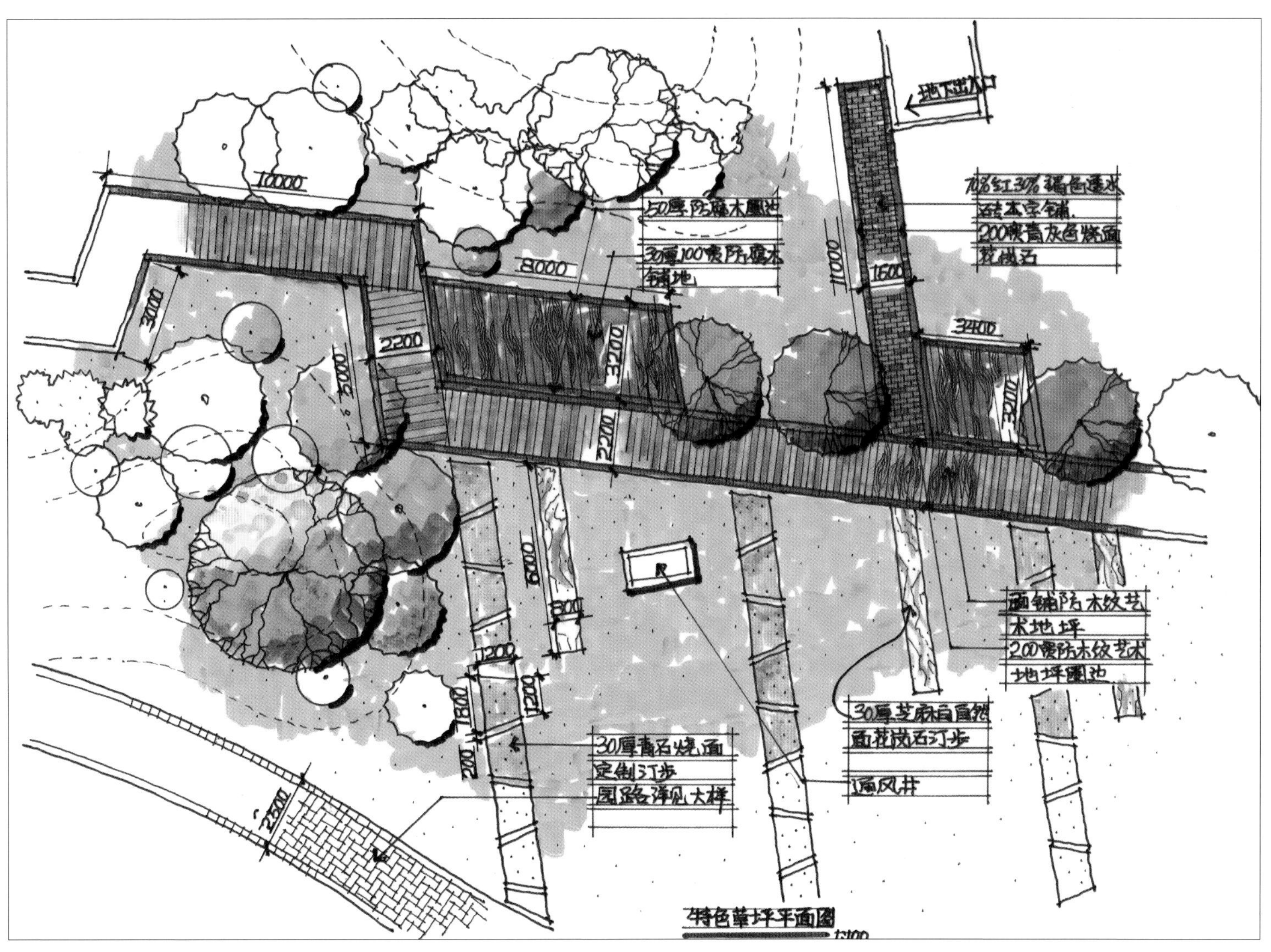
地下出入口
10000
8000
3000
2200
5000
3200
2200
1100
1600
3400
6000
800
1200
1800
2100
2500
50厚防腐木圈边
30厚100宽防腐木
铺地
70%红30%褐色透水
砖工字铺
200宽青灰色烧面
花岗石
面铺防木纹艺
术地坪
200宽防木纹艺术
地坪圈边
30厚芝麻白自然
面花岗石汀步
通风井
30厚青石烧面
定制汀步
园路详见大样
特色草坪平面图
1:100

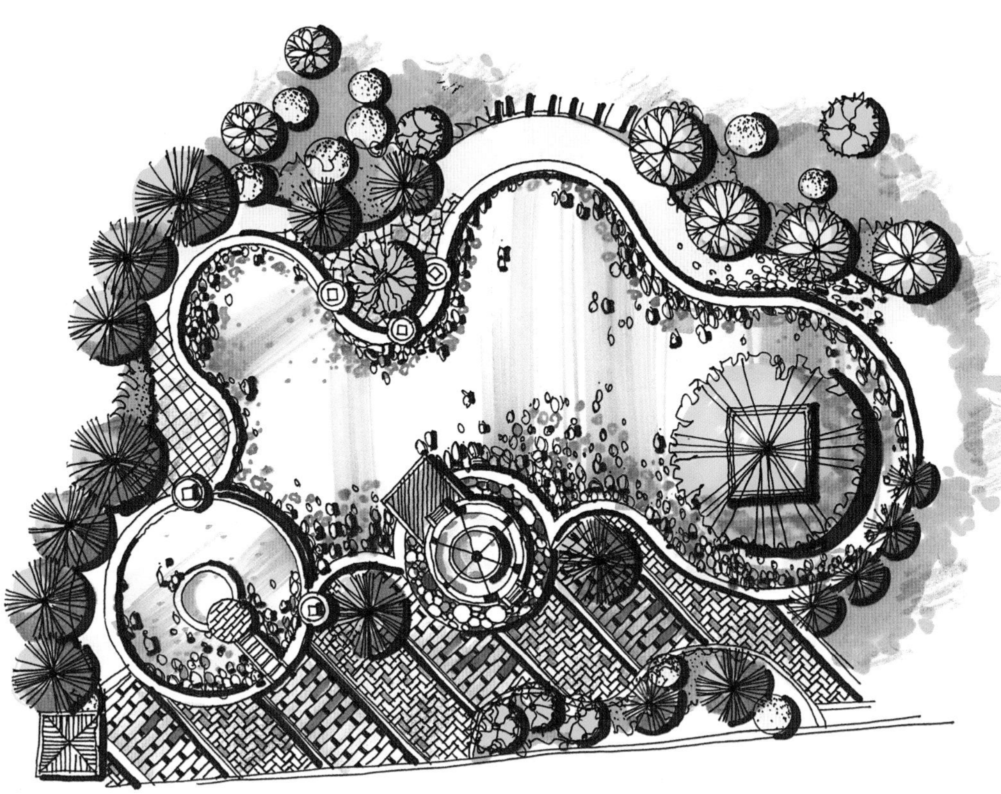

5. 广场

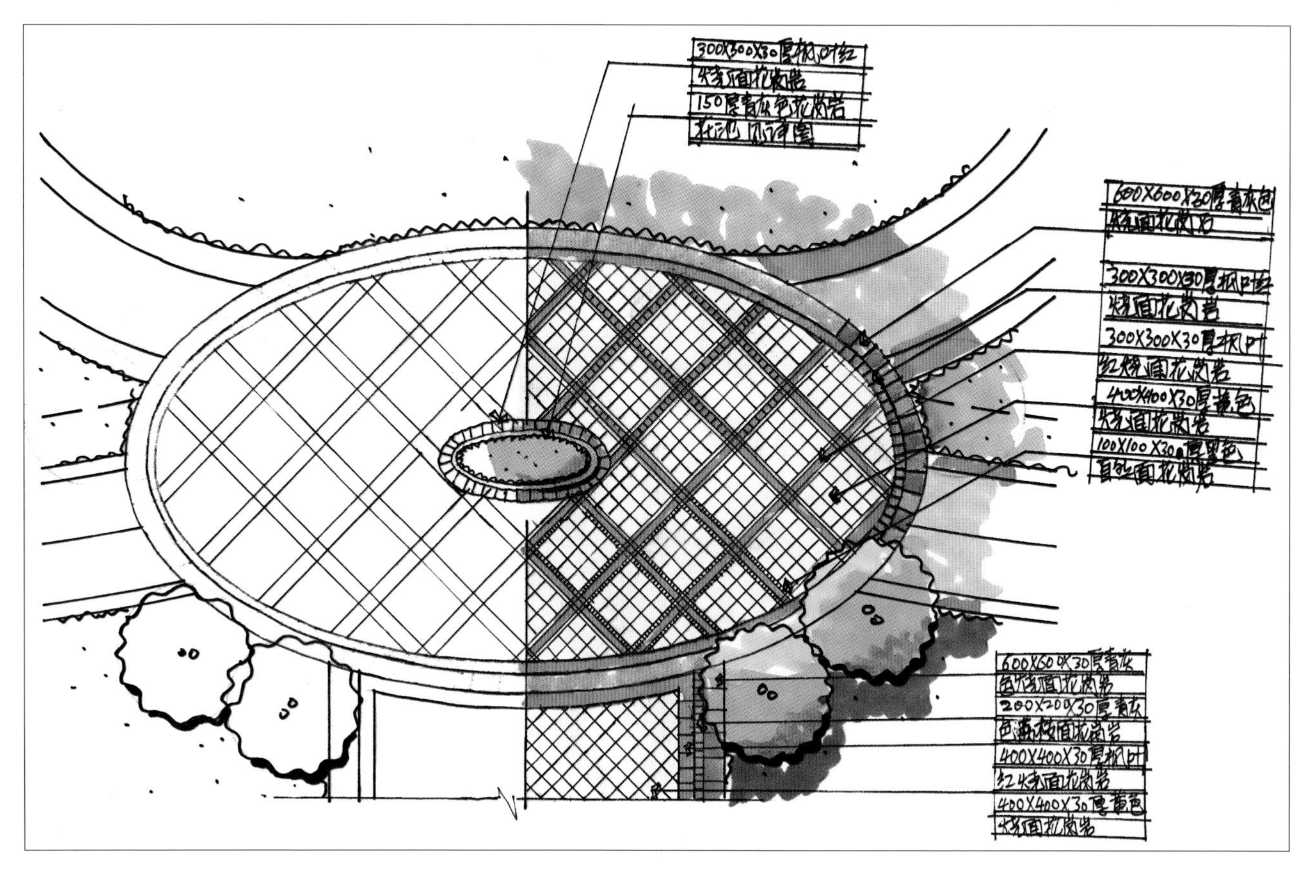

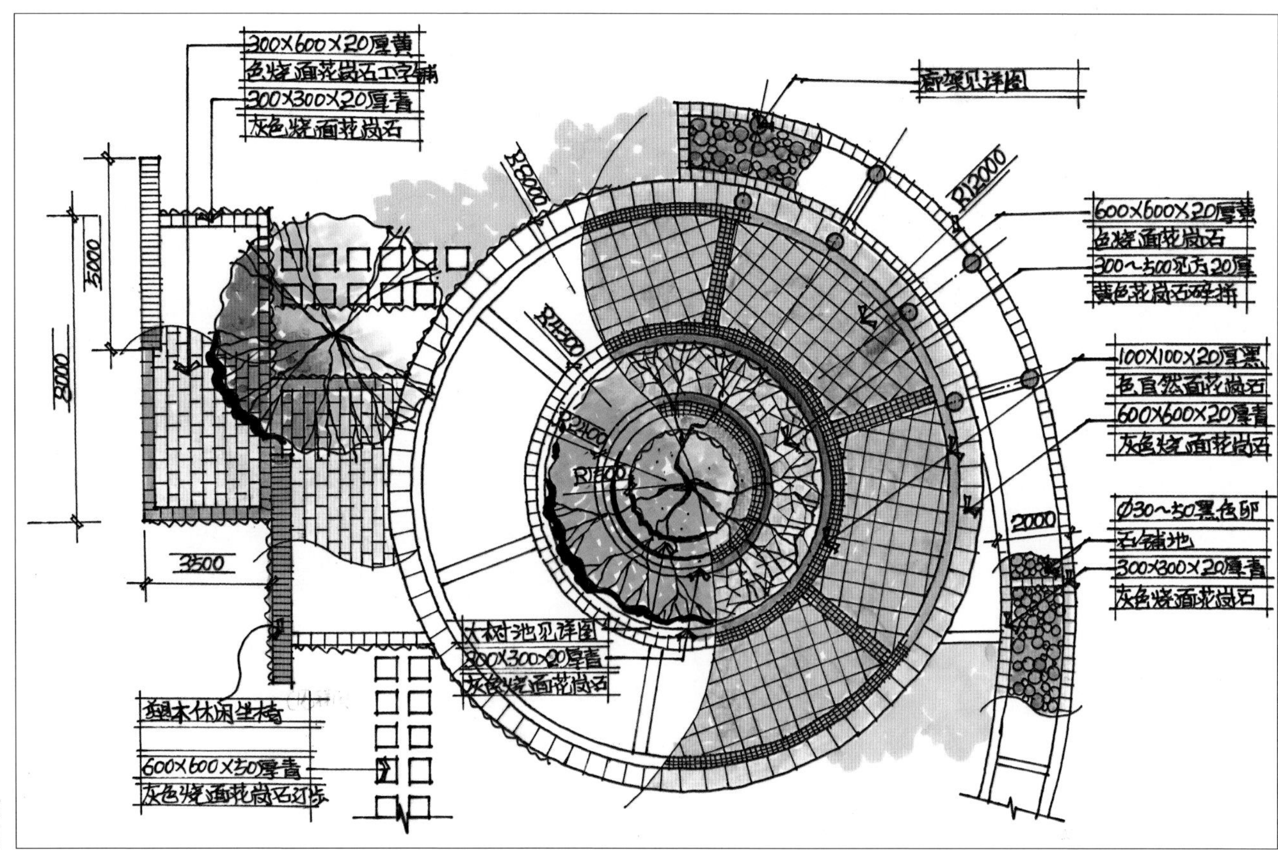

设计师：卢剑伟
严生钢

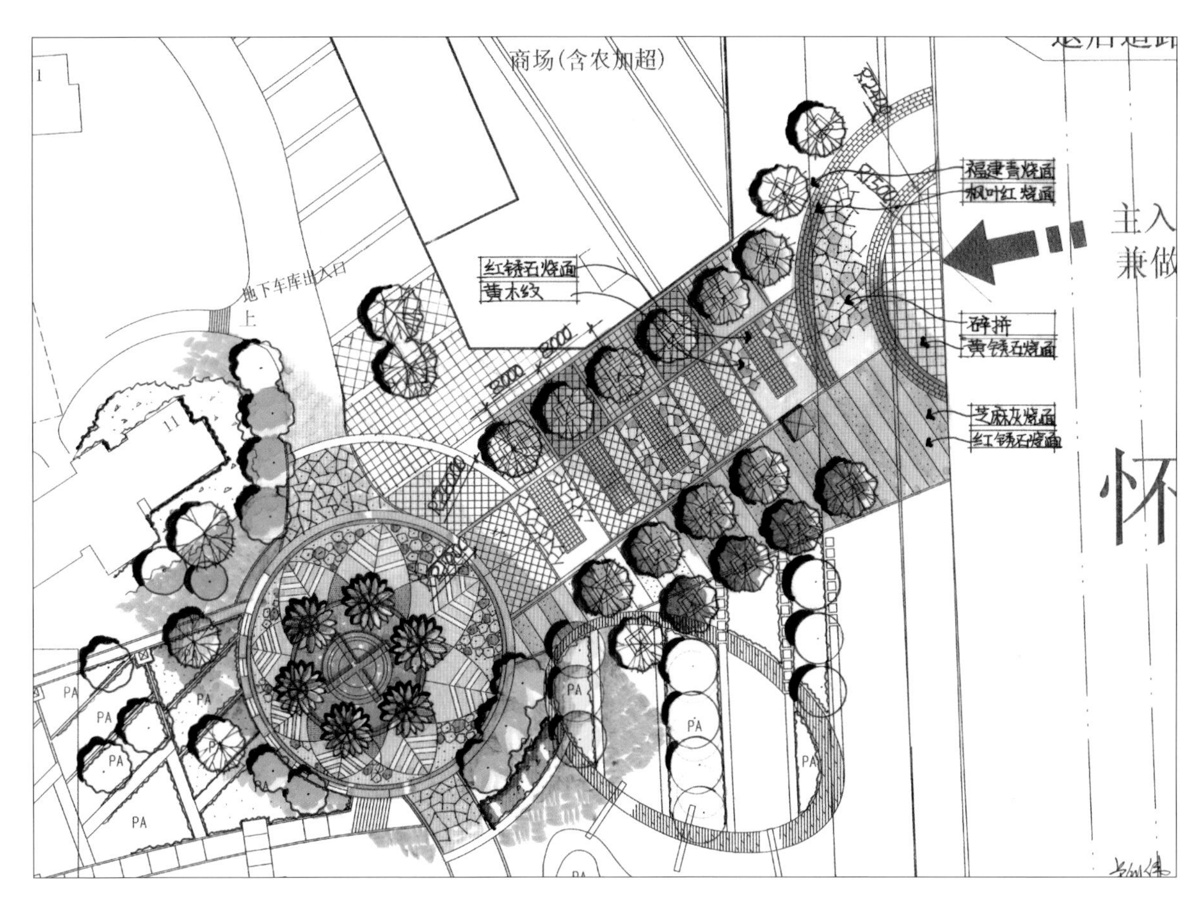
商场(含农加超)
福建青烧面
枫叶红烧面
主入
兼做
红锈石烧面
黄木纹
地下车库出入口
碎拼
黄锈石烧面
芝麻灰烧面
红锈石烧面

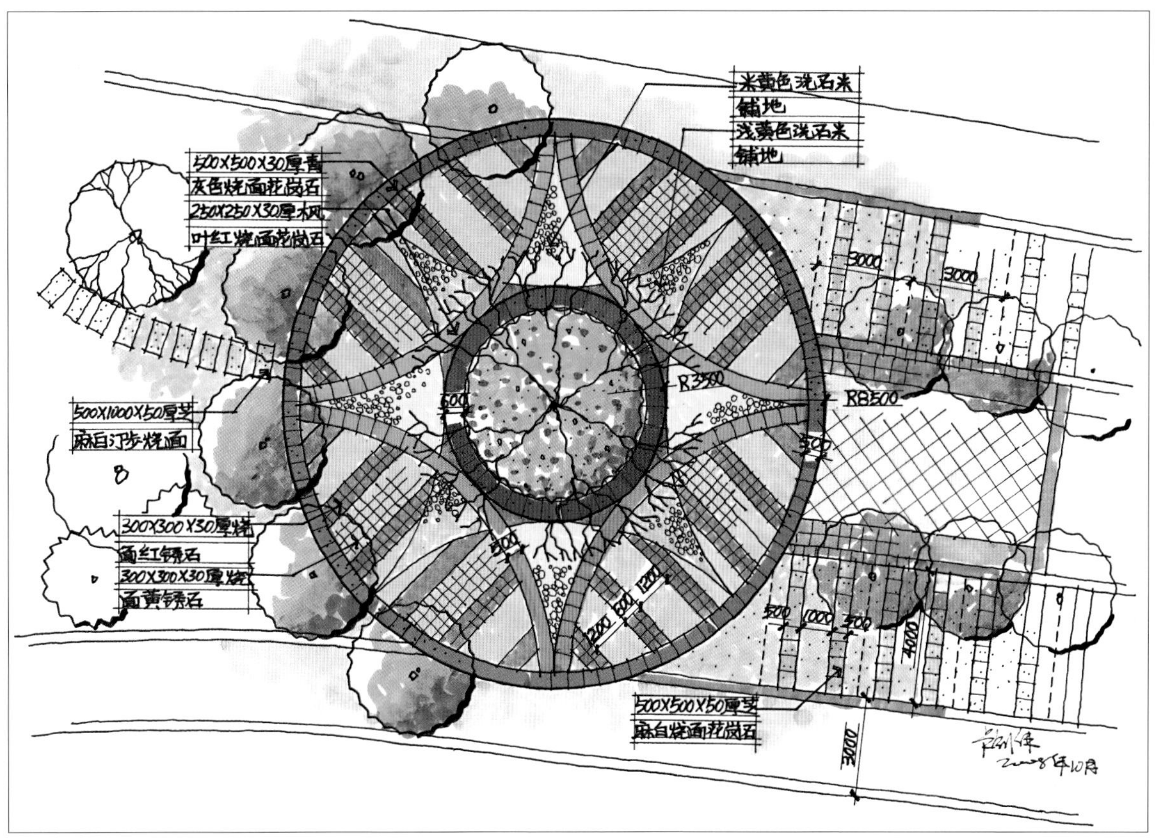
米黄色洗石米
铺地
浅黄色洗石米
铺地
500X500X30厚青
灰色烧面花岗石
250X250X30厚枫
叶红烧面花岗石
500X1000X50厚芝
麻白汀步烧面
300X300X30厚烧
面红锈石
300X300X30厚烧
面黄锈石
500X500X50厚芝
麻白烧面花岗石
R3500
R8500
3000
4000

设计师：卢剑伟
　　　　严生钢

PA
1500
9000
3000
景观亭
黄锈石
芝麻灰
2000
4500
3500
黄锈石
枫叶红
11

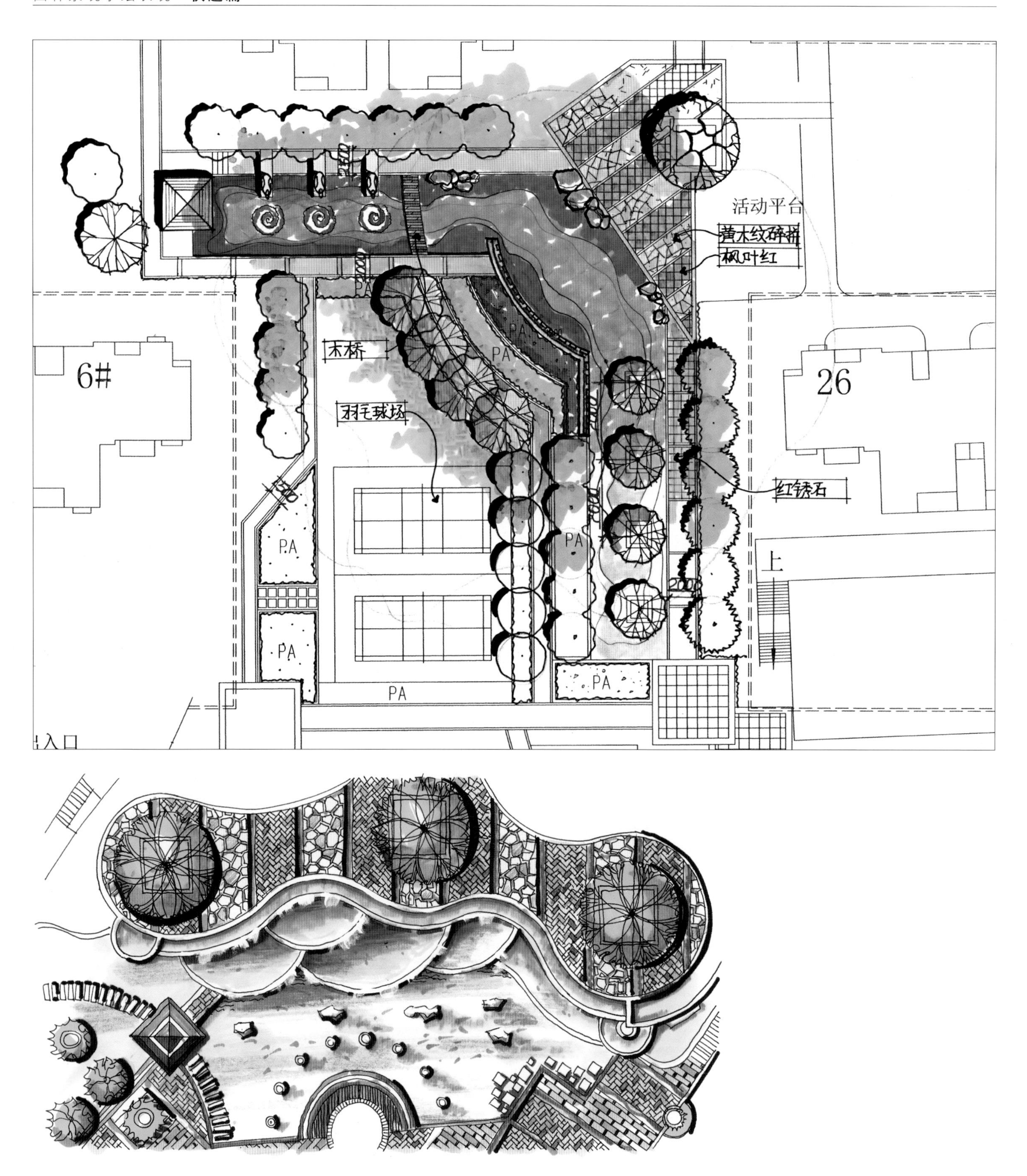
活动平台
黄木纹碎拼
枫叶红
木桥
羽毛球场
6#
26
红锈石
PA
上
入口

6．滨水景观

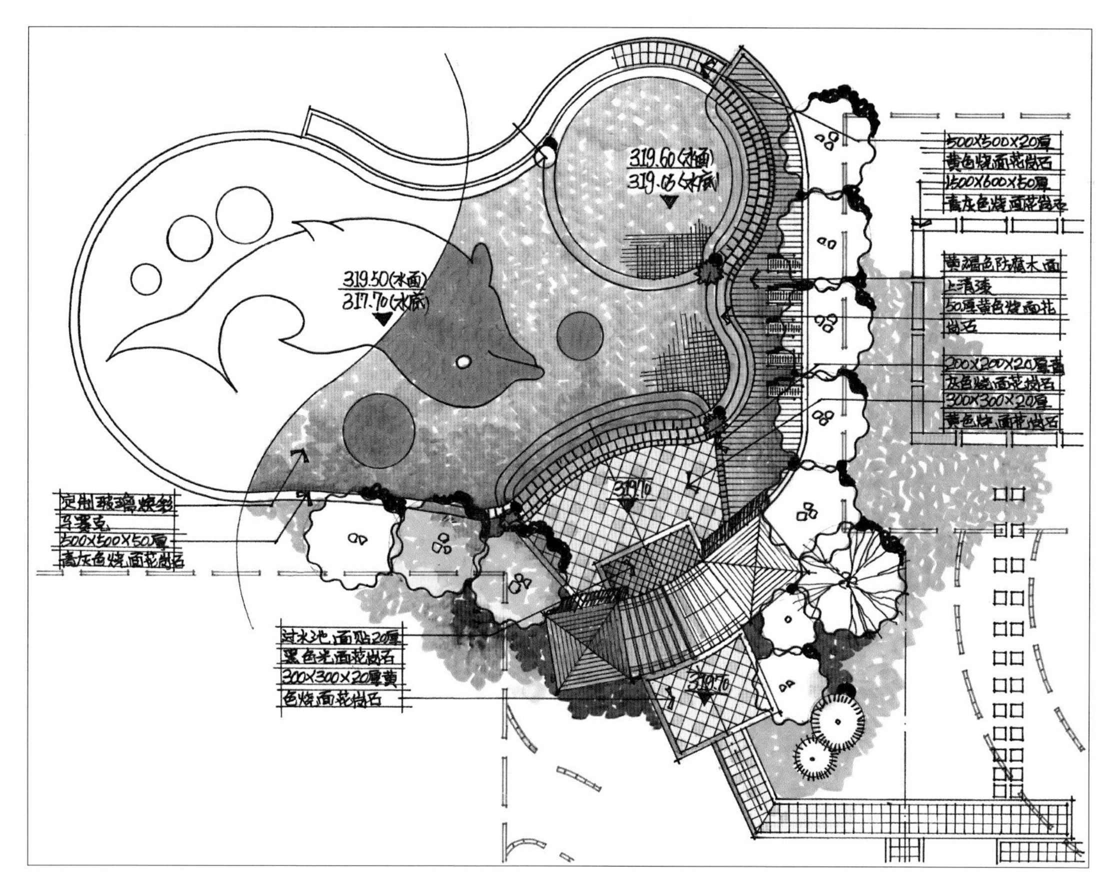

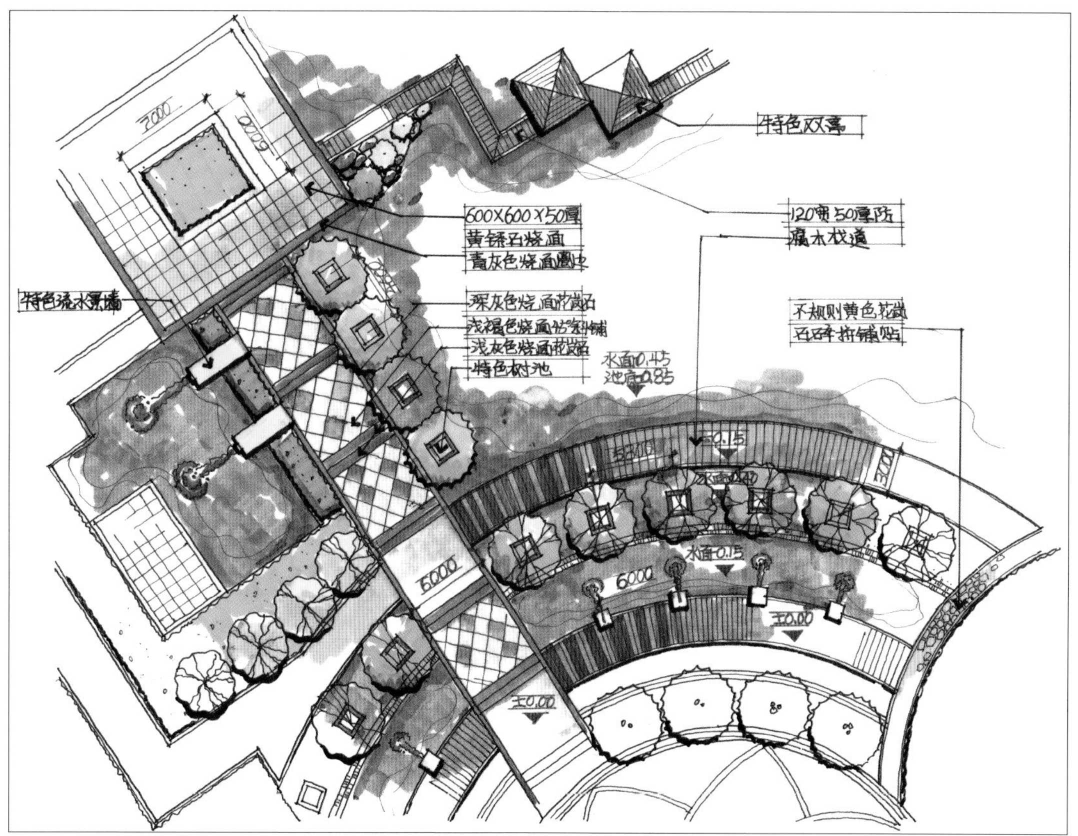

设计师：卢剑伟　严生钢

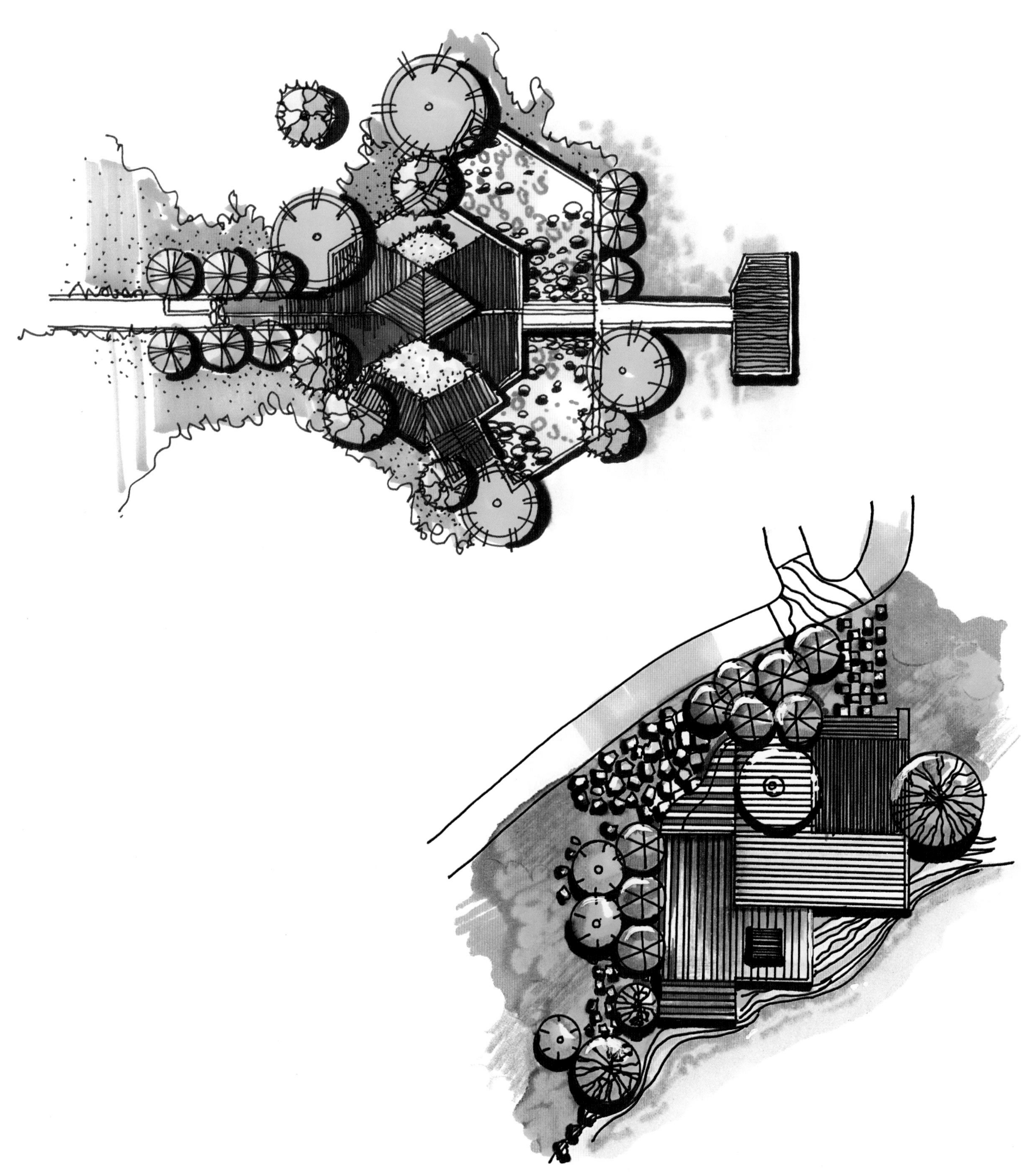

二、功能分区图与交通流线分析图

1．功能分区图

对于场地设计，重要的是功能分区的界定。这些功能分区图上暗示着临近关系和最终解决的可能性的安排。但大致可以分为以下几类：功能区分析图/景观分区分析图；交通流线分析图/道路交通组织图；景观格局分析/景观视线分析图；绿化种植分区图；概念结构分析图。

功能分区图是在平面图的基础上以线框按概略的方式框出不同功能性质的区域，注意不同的分区、流线、视线，这些分析手段体现的图和元素要用不同的符号表示（通常有比较规范的符号），一套清晰的符号语言对于他人及自我进行图解交流都是很有用的。并在图的空白处标注清楚分区的名称。

正确的表达方法：注意在绘图时比较规范的符号是具有一定宽度的虚线（也可以用实线）将区域做概略的框选，然后在内部可以填充较透明色块。每一个分区框线和填充色都是同一种色彩，各个不同分区用不同色彩加以区分，再在图里的空白处标注出来。如果考试允许用透明拷贝纸或硫酸纸来“蒙图”描绘分析图则更好；如果规定必须在一张或两张给定的纸面上完成，可以用缩小的平面图，概略地描绘。说明表达清楚是分析图表达的重点。

2．交通流线分析图

交通流线是在平面、剖面或三维画面图解中二维地描绘使用的动作路线和流向。其动作可以是水平的或垂直的，动作开始的地方叫做节点，一个节点就是其他图解符号的中心点。在图解上，我们经常看到由运动线联结的节点（中心点或集中点）。

一般来说，在绘制这种交通流线分析图时，应当明确分清基地周边的主次道路、集散广场、主要的车行和人行交通的组织及方向，然后用不同的图例将其表达出来。

正确的表达方法：注意在绘图时运用比较规范的符号，一般常规的画法是采用点画线（也有的采用虚线）结合箭头标示出路线的两端走向，道路容量与级别的不同采用不同宽度，通常主干道采用最粗的线条，次干道、支路、行人步道等逐渐变

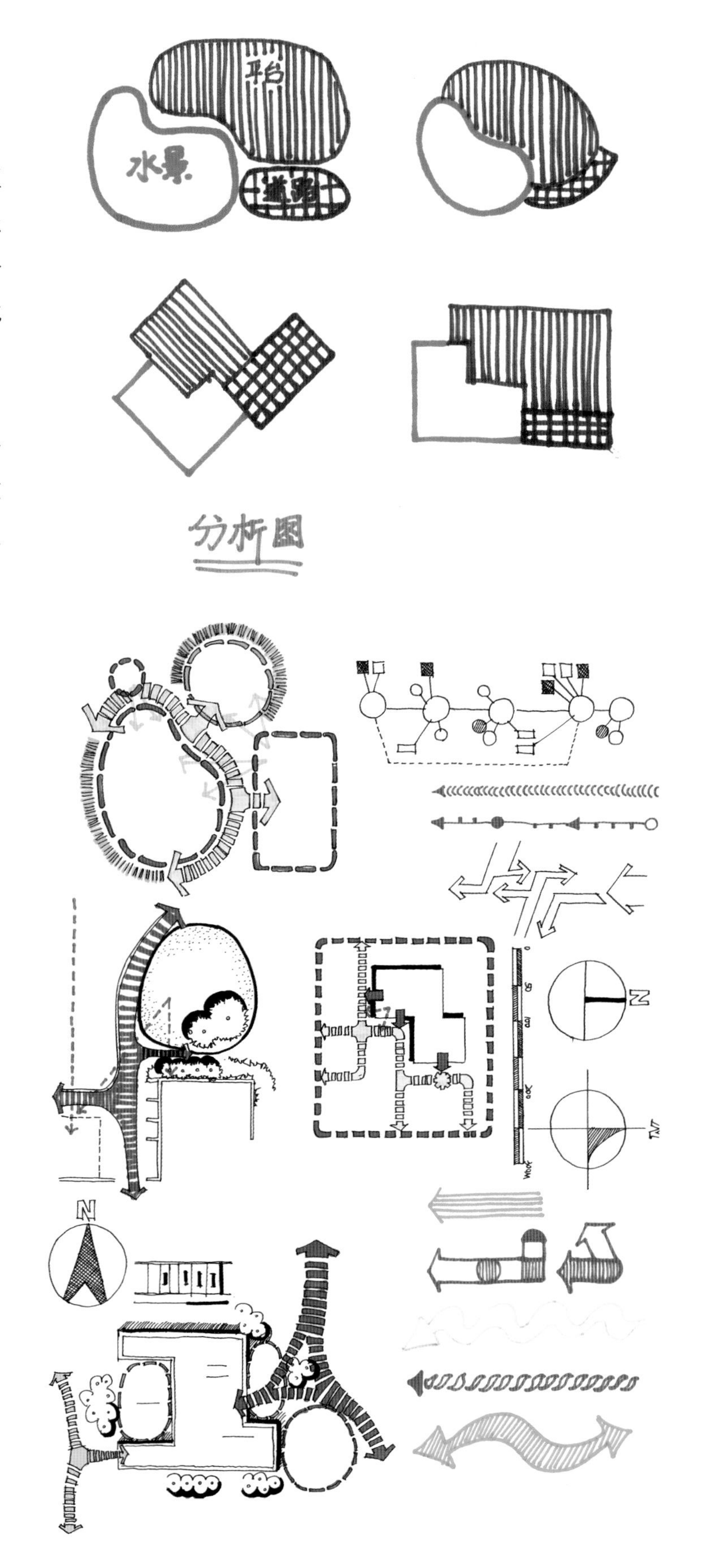

细，且用不同颜色加以区分，再用图例在空白处标注出来。无论使用哪种表现手段（彩色图例、单色图例）都要力求使分析图清楚易读，让读图人一目了然地把握景观与环境的关系，了解设计意图。流线一定要表达清楚，对于阅图人审查功能型的交通问题很重要。

三、剖立面图

剖立面图是对整张设计图设计内容的进一步诠释，剖立面图可清晰地反映设计节点中竖向关系的变化。在绘制的过程中建议画出具有代表性的立面图，表现出不同的景观层次变化。同时，剖立面图也是验证平面图结构是否合理、空间尺寸是否适合的方法方式。在绘制剖立面图的过程中数据尺寸一定要精确，色彩不必太多，以免杂乱，但要有虚实主次、明暗关系和前后层次。

剖立面图是为了进一步表达景观设计意图和设计效果的图样，它着重反映立面设计的形态和层次的变化。剖面图主要提示内部空间布置、分层情况、结构内容、构造形式、断面轮廓、位置关系以及造型尺度，是了解详细设计，进而到具体施工阶段的重要依据。

在沟通设计构想时，通常需要比在平面图上所显示的内容更多。在平面图上，除了使用阴影和层次外，没有其他方法来显示垂直元素的细部及其与水平形状之间的关系。然而，将立面图和剖面图结合在一起表达的剖立面图却是达到这个目的的有效工具。

1. 景观剖立面图的特性

景观剖立面图指的是景观空间被一假象垂面沿水平或垂直方向剖切以后，沿某一剖切方向投影所得到的视图。立面图沿某个方向只能作出一个。应当注意几点：地形在立面和剖面图中用地形剖断线和轮廓线表示；水面用水位线表示；树木应当描绘出明确的树型，构筑物用建筑制图的方式表示出。应当在平面图中用剖切符号标示出需要表现立面的具体位置和方向，景观设计中的地形变化，具体选用树种或树形的变化，水池的深度和叠水的情况。景观构筑物的立面造型和材质等信息都需要在剖立面图中表达出来。

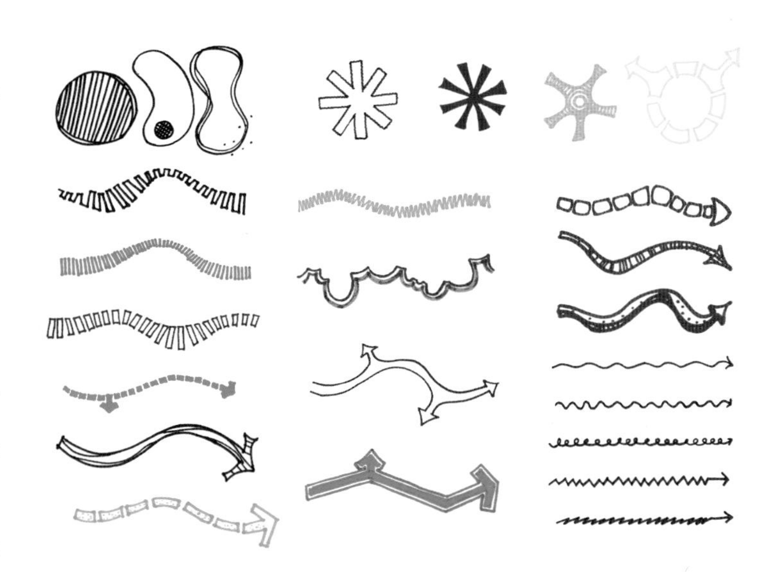

如果说平面图主要体现了景观设计的布局和功能，那么立面图则具体体现了设计师的艺术构思和风格的创造。剖立面图是视觉尺度景观设计中特有的图示表达，需要绘制详尽、具体。

在快题应试过程中，如果没有太大的把握画好效果图，那么，不如多花些精力练习剖立面图的表达，它仍然能够起到表达立体效果的作用。

2. 景观剖面图的表达内容和表达方式

景观快题设计在工作方式上区别于平日的课程与实际工程设计，除了在平时的积累与学习过程中注重自己思维能力的培养，还要在快题应试过程中，掌握一定的策略，调整模式化的设计思路，在限定的时间内，有效地推进设计过程，如此才可能达到要求的设计成果。

首先，景观快题方案设计在紧张的3～4小时或6～8小时内完成，要掌握有效的设计方法，并打破常规设计方式与思维模式，才能保证设计速度和质量。其次，设计方法的关键是要抓方案的全局性问题，如功能布局、流线组织、空间构成、景点设置等，不可能过分深入地推敲设计方案。一是时间的限制，二是快题考察的是应试者把握大局与重点的能力。

应试的策略是保证按时按要求完成的关键，以理性的态度来控制考试的进程是理智的选择。这就需要规划好时间，表示好图纸项目与内容，对照规划好的项目逐渐完成，最终校对审查。

（1）入口

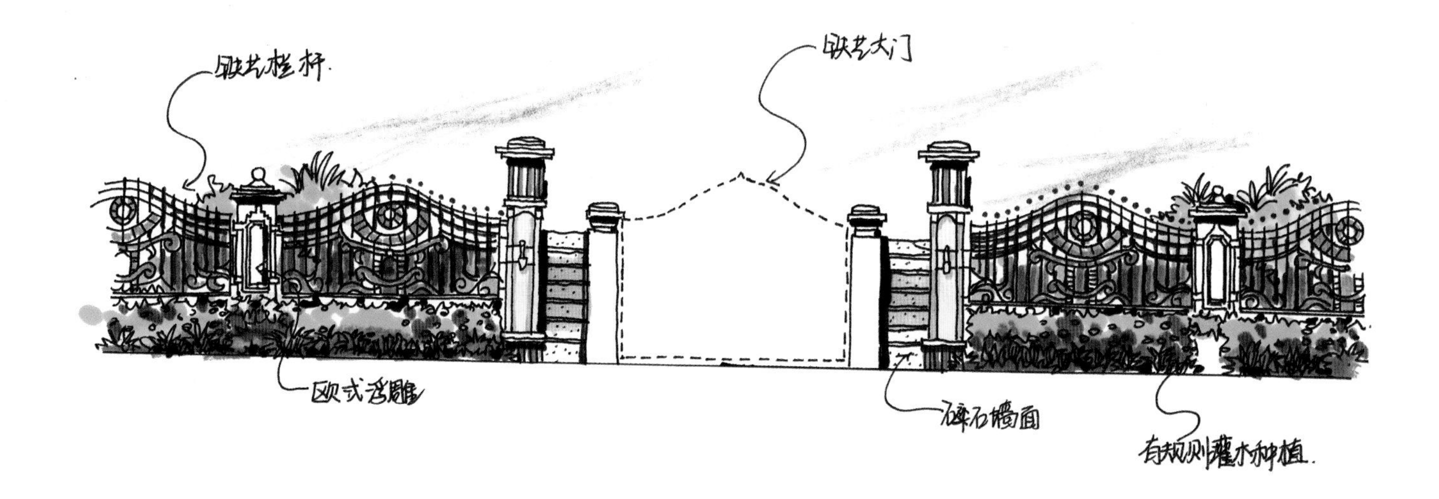
铁艺栏杆
铁艺大门
欧式浮雕
碎石墙面
有规则灌木种植

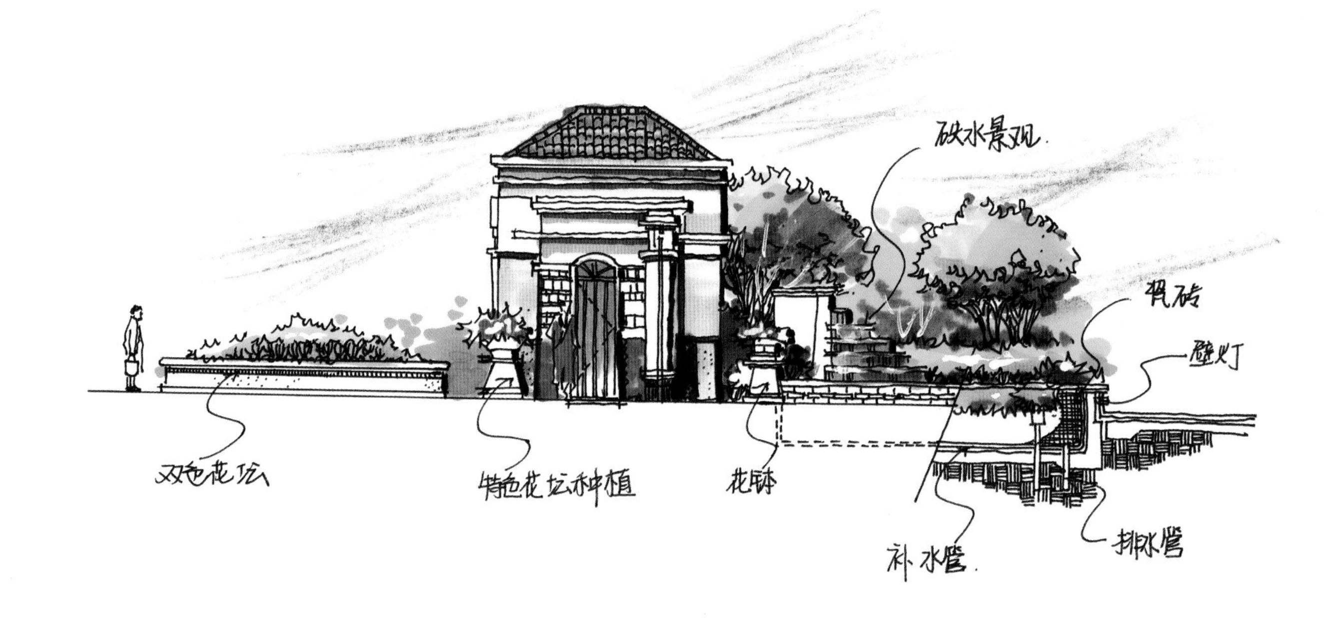
跌水景观
壁灯
双色花坛
特色花坛种植
花钵
补水管
排水管

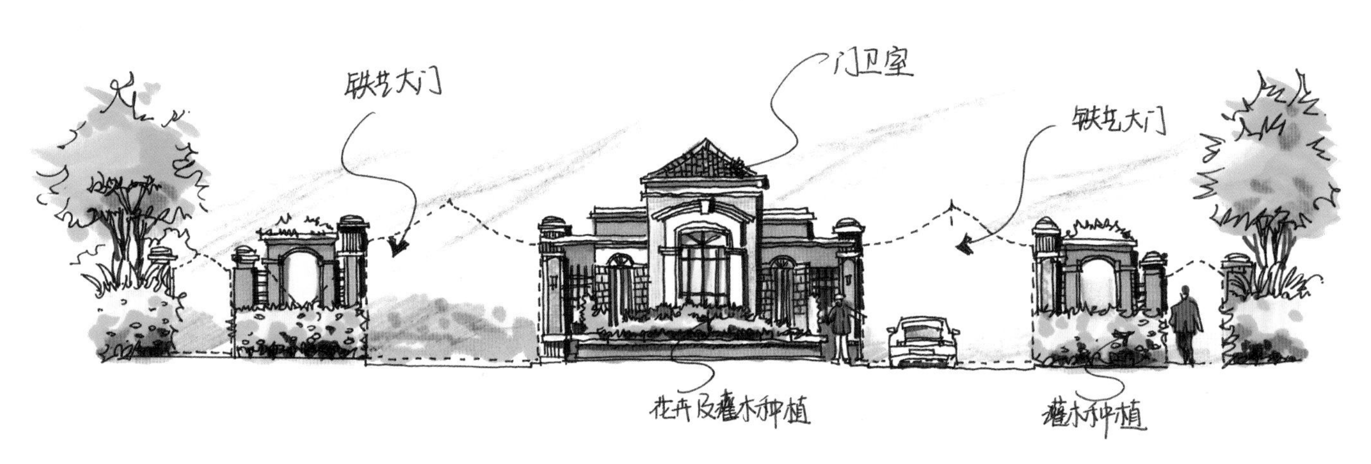
铁艺大门
门卫室
铁艺大门
花卉及灌木种植
灌木种植

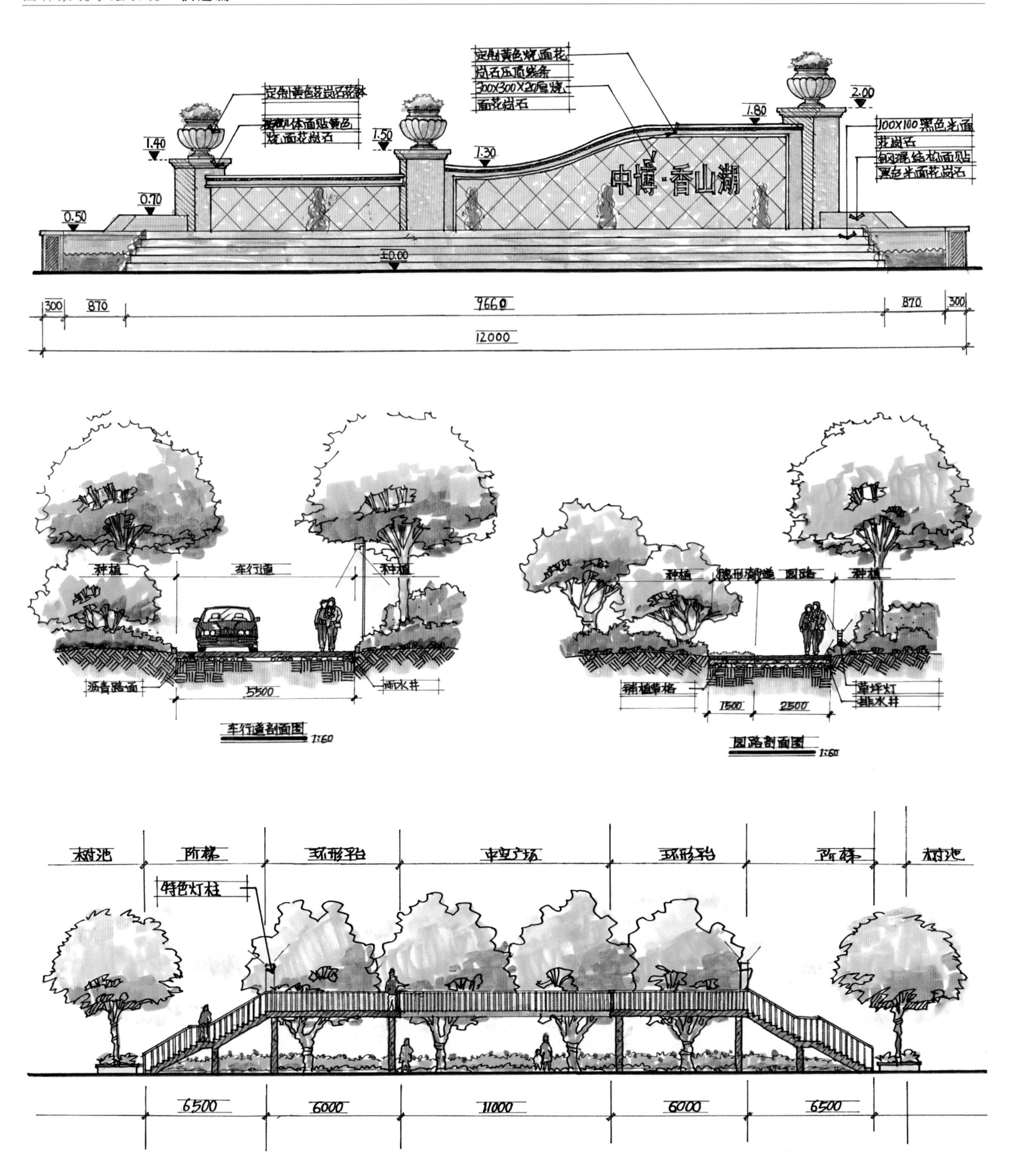
定制黄色花岗石花钵
砖砌体面贴黄色
烧面花岗石
定制黄色烧面花
岗石压顶线条
300X300X20厚烧
面花岗石
100X100黑色光面
花岗石
钢混结构面贴
黑色光面花岗石
中博·香山湖
1.40
1.50
1.30
1.80
2.00
0.70
0.50
±0.00
300
870
9660
870
300
12000
种植
车行道
种植
沥青路面
5500
雨水井
车行道剖面图
1:60
种植
隐形消防通道
园路
种植
铺植草格
1500
2500
草坪灯
排水井
园路剖面图
1:60
树池
阶梯
环形平台
中央广场
环形平台
阶梯
树池
特色灯柱
6500
6000
11000
6000
6500

（2）廊、亭、架

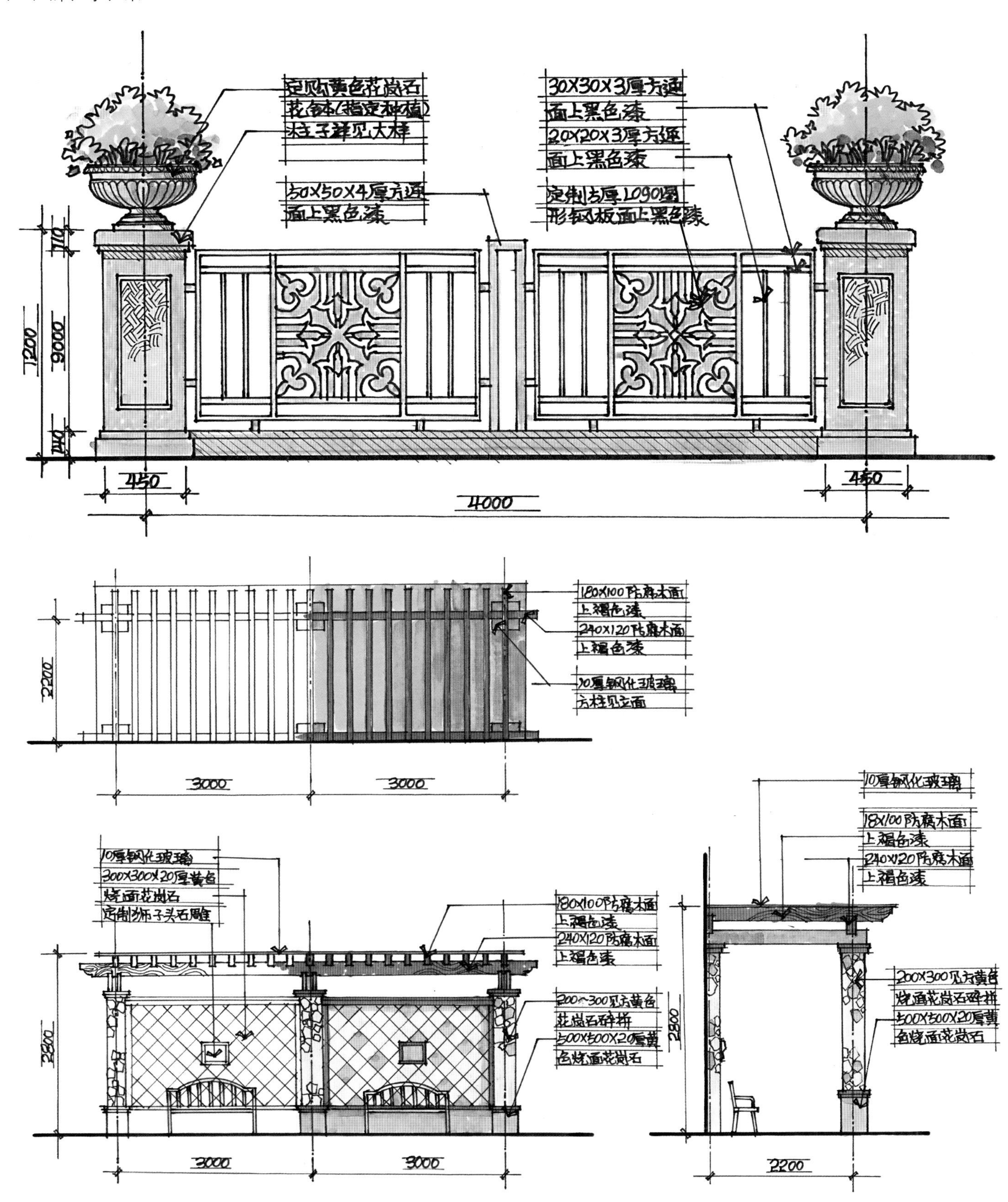

定购黄色花岗石
花钵(指定种植)
柱子详见大样
50X50X4厚方通
面上黑色漆
30X30X3厚方通
面上黑色漆
20X20X3厚方通
面上黑色漆
定制5厚LOGO图
形钢板面上黑色漆
1200
450
450
4000
180X100防腐木面
上褐色漆
240X120防腐木面
上褐色漆
10厚钢化玻璃
方柱见立面
2200
3000
3000
10厚钢化玻璃
300X300X20厚黄色
烧面花岗石
定制狮子头石雕
180X100防腐木面
上褐色漆
240X120防腐木面
上褐色漆
200~300见方黄色
花岗石碎拼
500X500X20厚黄
色烧面花岗石
2800
3000
3000
10厚钢化玻璃
18X100防腐木面
上褐色漆
240X120防腐木面
上褐色漆
200X300见方黄色
烧面花岗石碎拼
500X500X20厚黄
色烧面花岗石
2800
2200

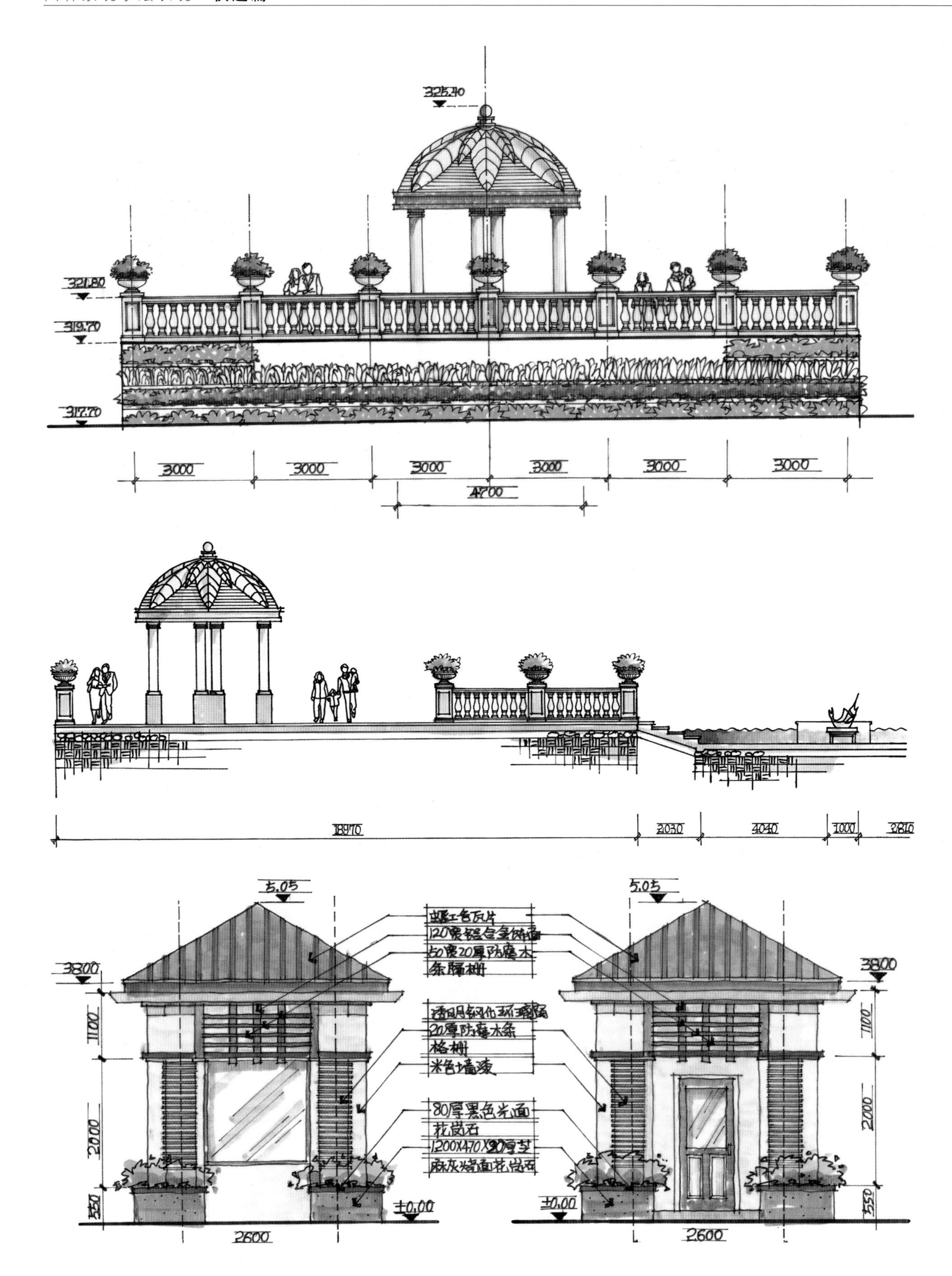
325.40
321.80
319.70
317.70
3000
3000
3000
3000
3000
3000
4700
18970
2030
4040
1000
3810
5.05
5.05
3800
3800
120宽铝合金饰面
50宽20厚防腐木
条隔栅
透明钢化玻璃隔
20厚防腐木条
格栅
米色墙漆
80厚黑色光面
花岗石
1200X470X20厚芝
麻灰烧面花岗石
1100
2000
350
1100
2000
350
±0.00
±0.00
2600
2600

设计师：卢剑伟
严生钢

（3）休闲场所

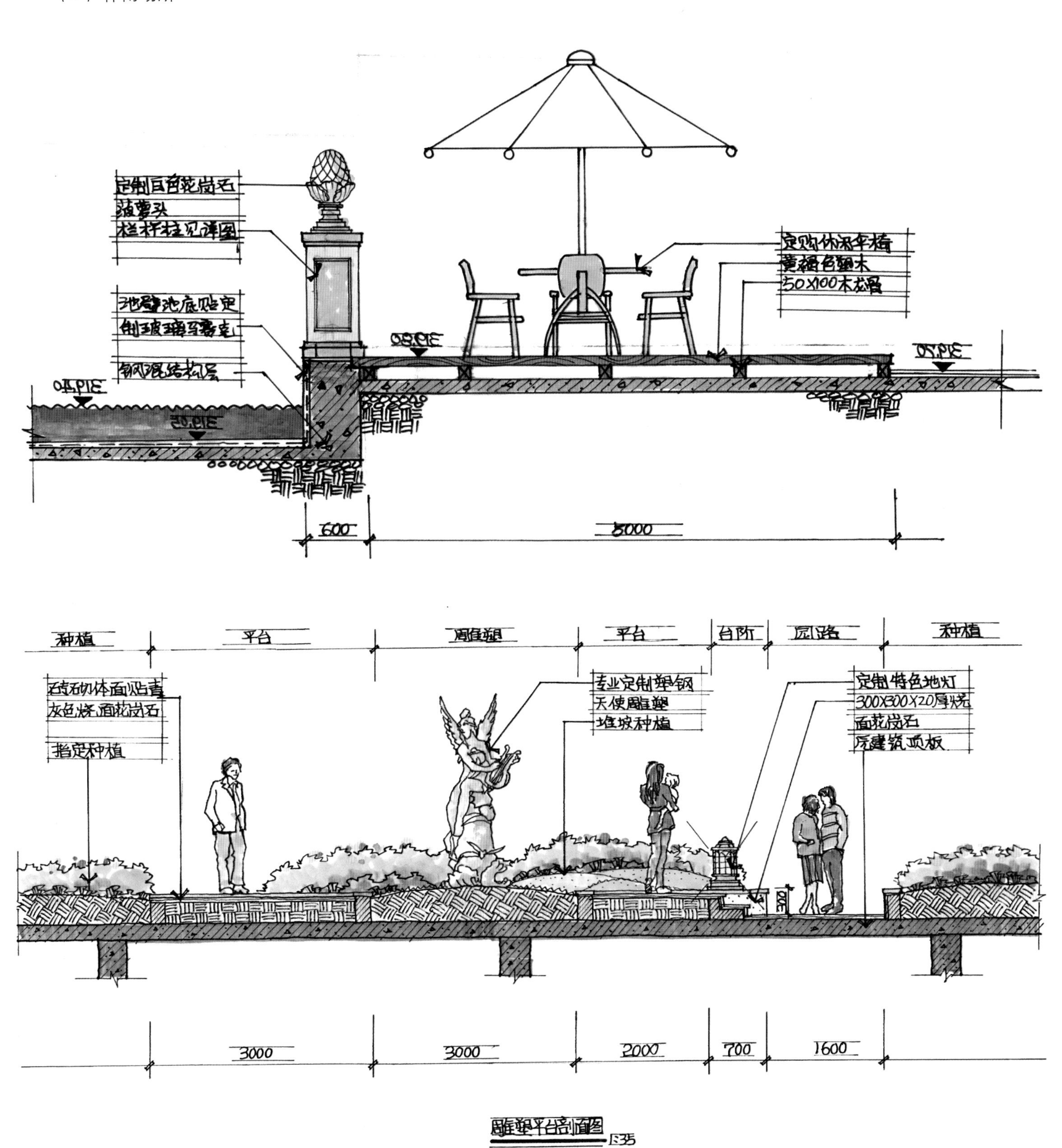

雕塑平台剖面图 1:35

设计师：卢剑伟　严生钢

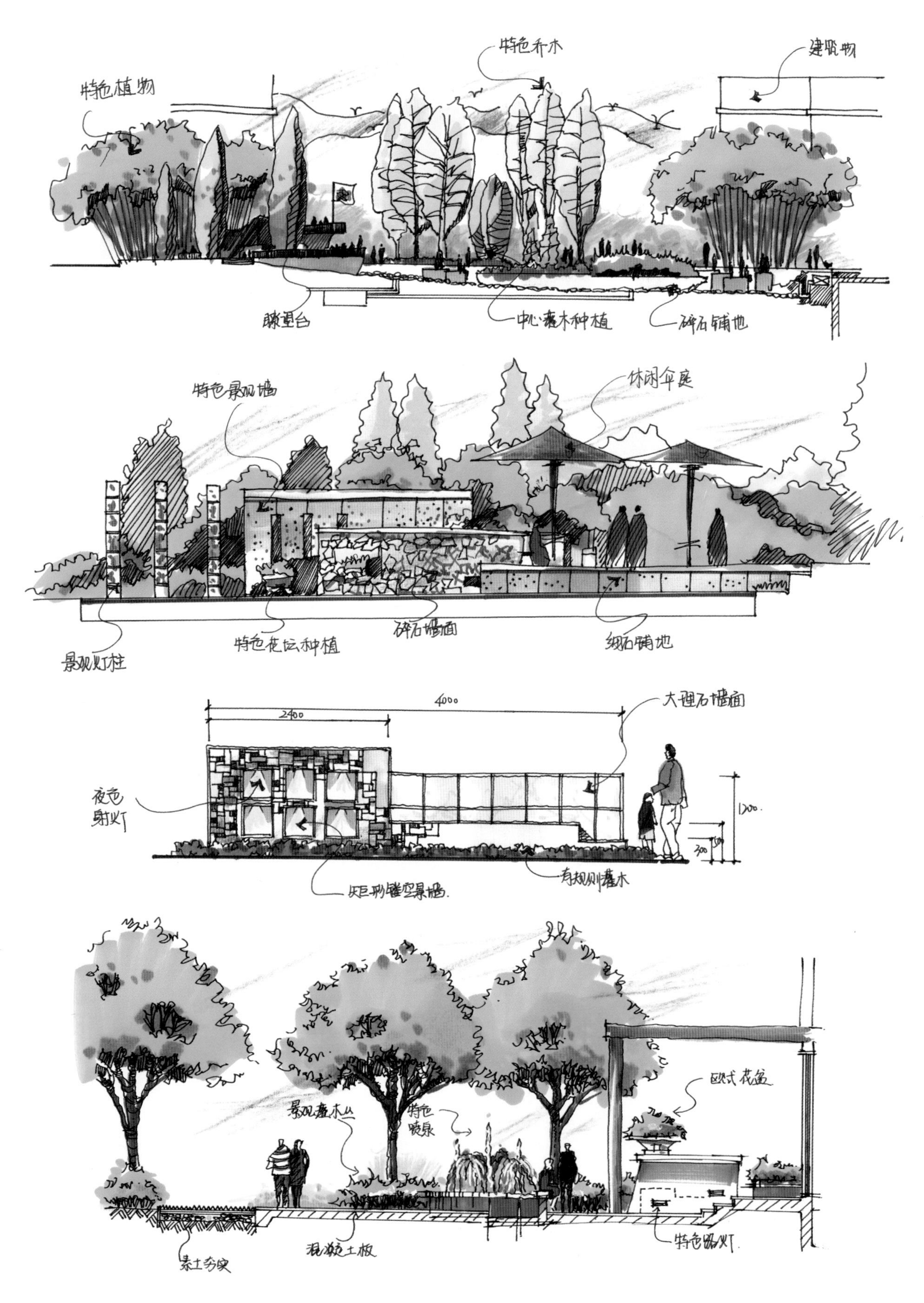

特色植物
特色乔木
建筑物
瞭望台
中心灌木种植
碎石铺地
特色景观墙
休闲伞庭
景观灯柱
特色花坛种植
碎石墙面
细石铺地
4000
2400
大理石墙面
夜色
射灯
1200
300
矩形镂空景墙
有规则灌木
欧式花盆
景观灌木丛
特色
喷泉
素土夯实
混凝土板
特色路灯

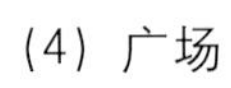

(4) 广场

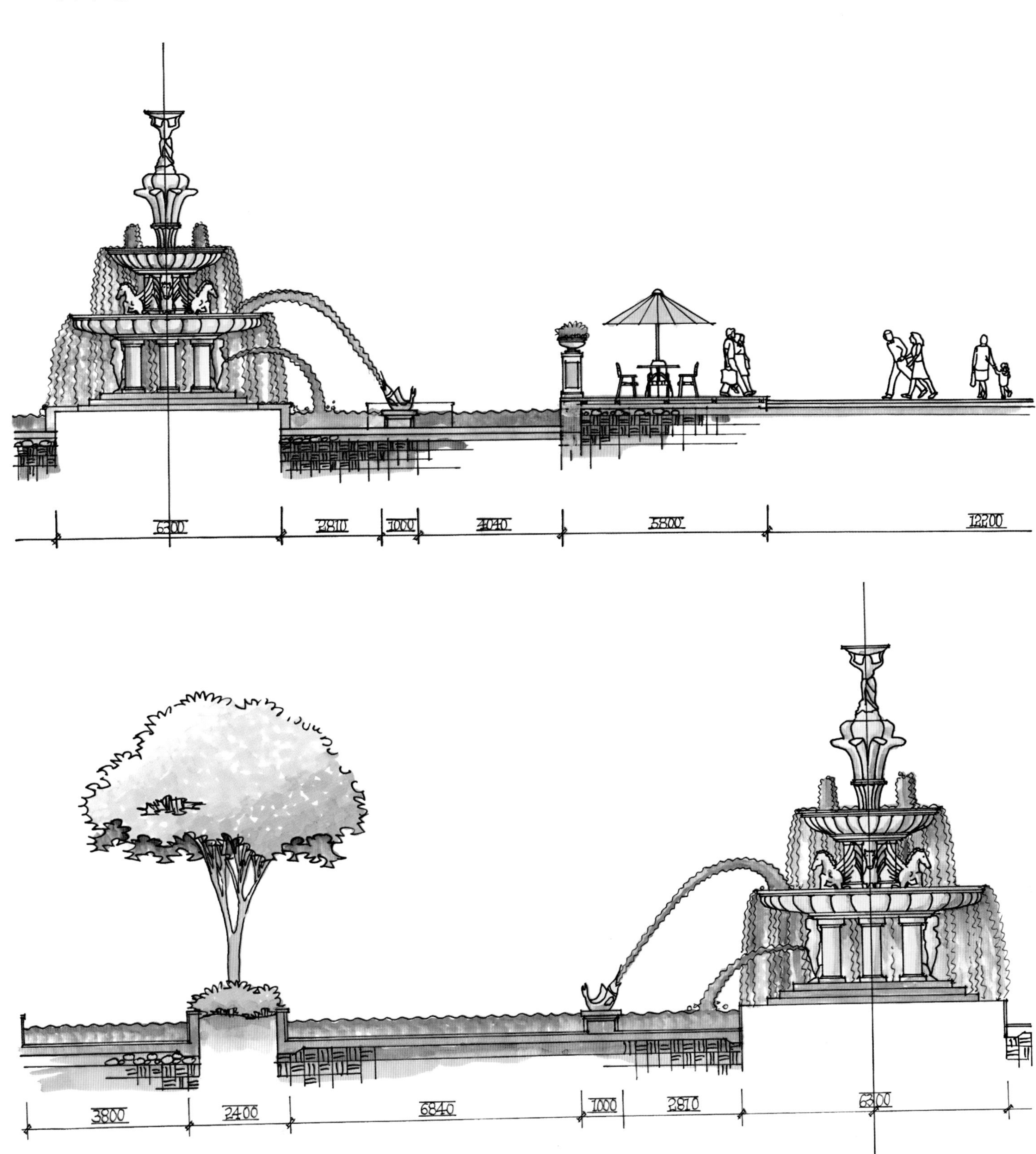

（5）大样图

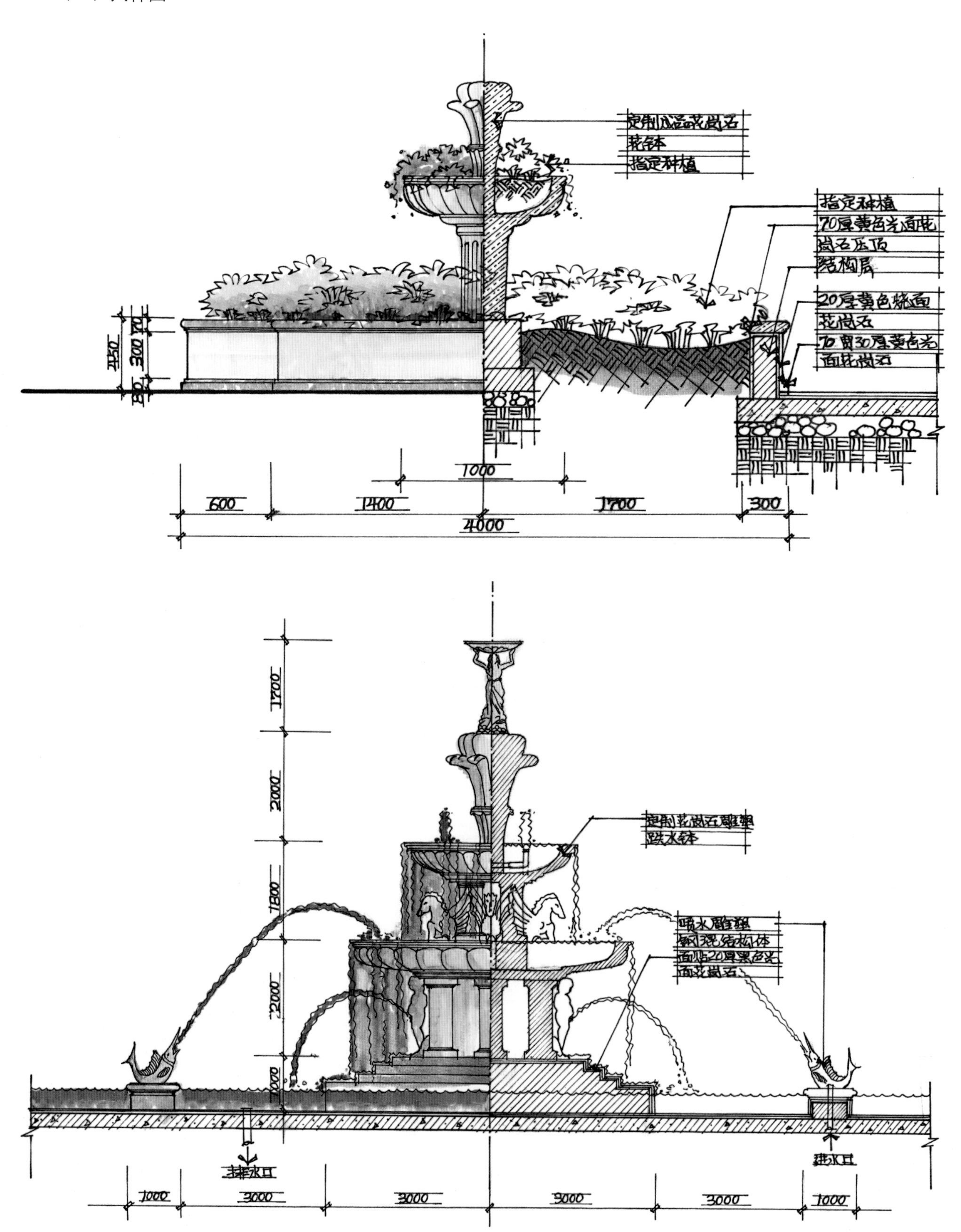
定制成品花岗石
花钵
指定种植
指定种植
70厚黄色光面花
岗石压顶
结构层
20厚黄色烧面
花岗石
70宽30厚黄色光
面花岗石
150
300
100
1000
600
1400
1700
300
4000
定制花岗石雕塑
跌水钵
喷水雕塑
钢混结构体
面贴20厚黑色光
面花岗石
1700
2000
1300
2000
1000
排水口
进水口
1000
3000
3000
3000
3000
1000

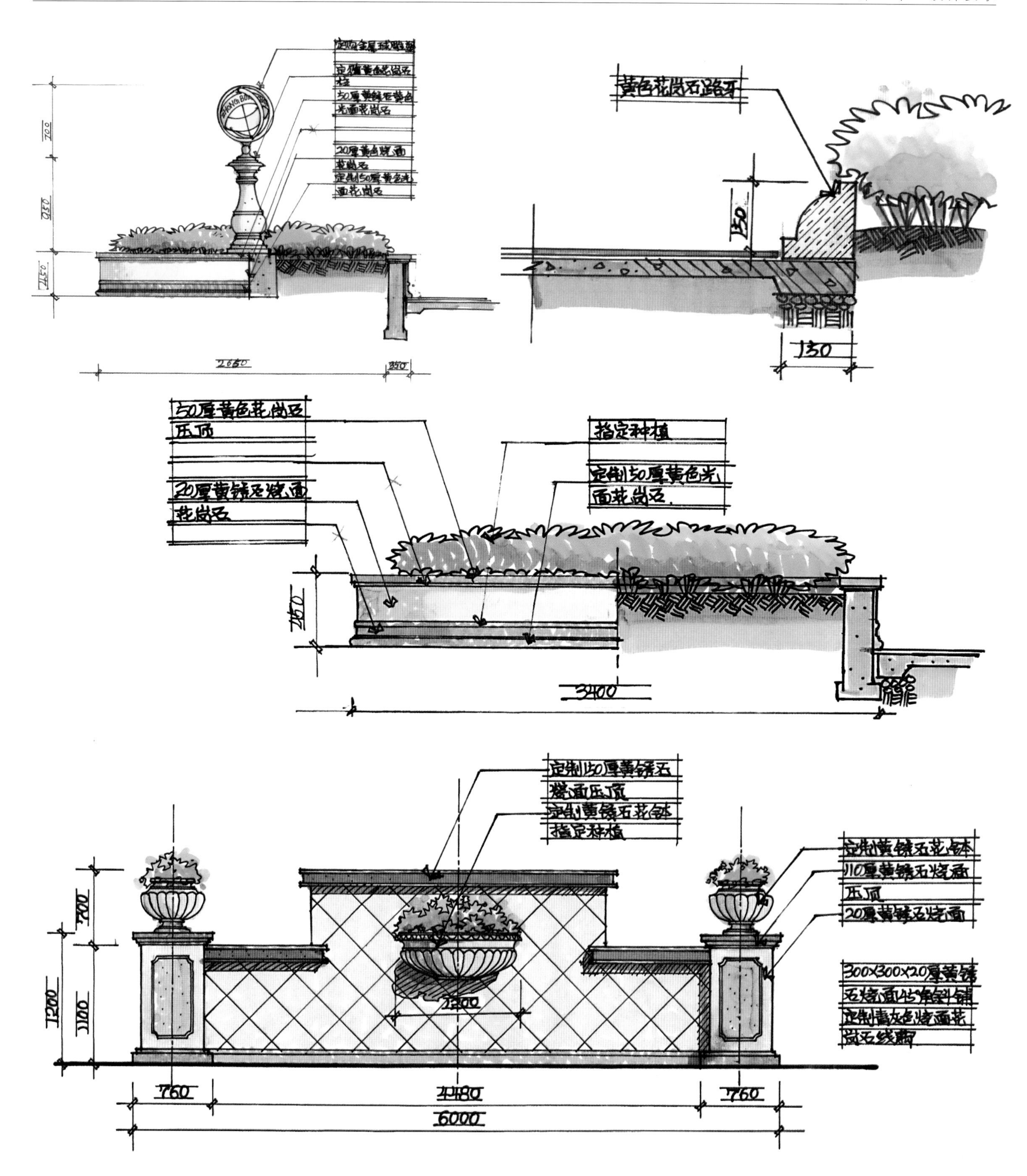
20厚黄金烧面
700
950
450
2650
350
黄色花岗石路牙
150
130
50厚黄色花岗石
压顶
指定种植
20厚黄锈石烧面
花岗石
定制50厚黄色光
面花岗石
450
3400
定制50厚黄锈石
烧面压顶
定制黄锈石花钵
指定种植
定制黄锈石花钵
110厚黄锈石烧面
压顶
20厚黄锈石烧面
300×300×20厚黄锈
石烧面45°斜铺
700
1200
1100
1300
760
4480
760
6000

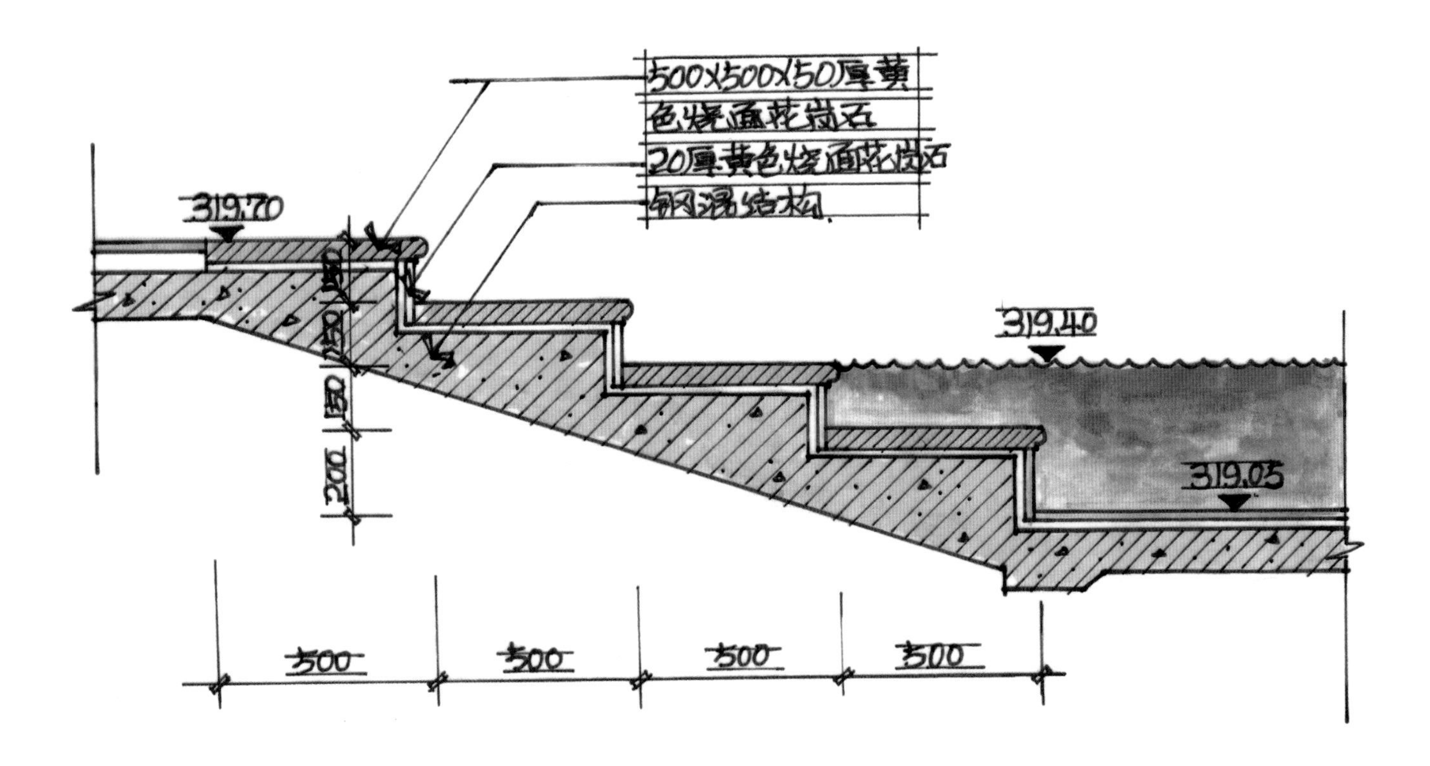
500X500X50厚黄
色烧面花岗石
20厚黄色烧面花岗石
钢筋混凝土结构
319.70
319.40
319.05
150
150
150
200
500
500
500
500

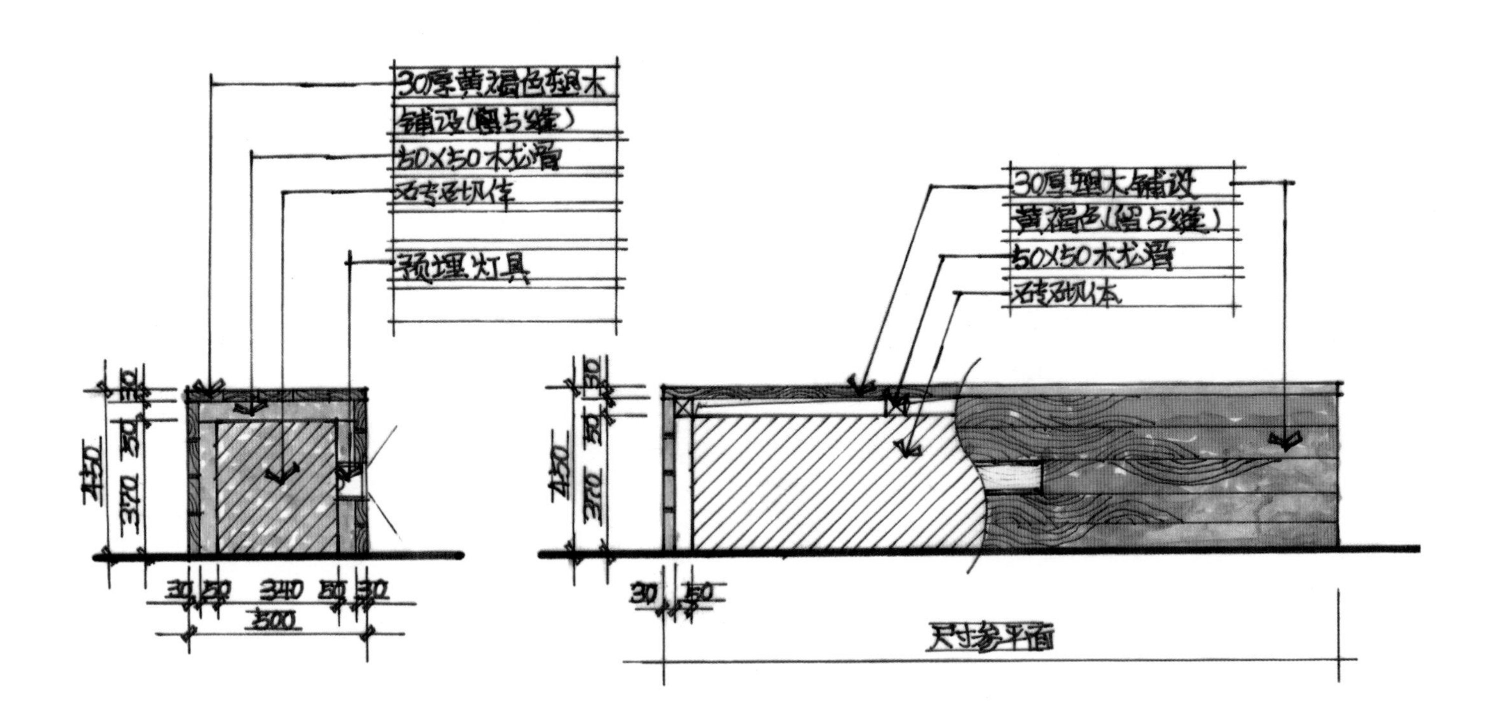
30厚黄褐色塑木
铺设(留5缝)
50X50木龙骨
砖砌体
预埋灯具
30厚塑木铺设
黄褐色(留5缝)
50X50木龙骨
砖砌体
30
150
450
270
30
50
340
50
30
500
尺寸参平面

四、效果图

在园林景观快题设计中，效果图的表现要以解释设计构思、塑造设计环境为目的，同时要满足总体设计平面空间。

效果图的画法可以分为纵深式、平远式和斜向式。但比起平面图，效果图的主观发挥性和自由度更大，好的效果图能给人以身临其境的感觉。整个画面色彩选取也要注意，颜色不可过多，尽量选择一个色系进行表现。绘制时可以先采用小幅草图来推敲构图、空间层次、明暗关系、前中后景，如此在选择视点位置、视线方向时就可以抓住重点，节约时间。

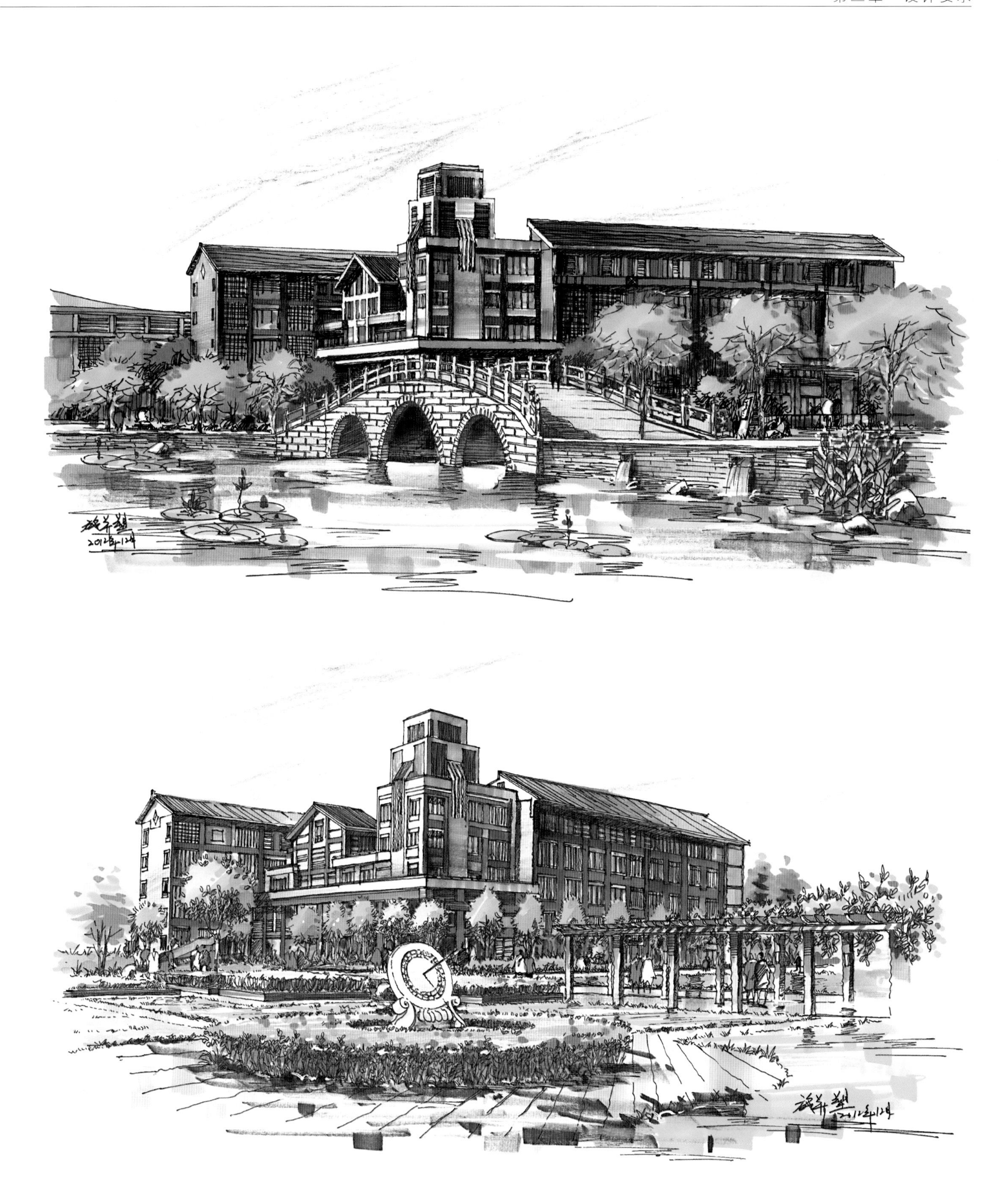

2011.03.26
2011.04.01

设计师：卢剑伟　严生钢

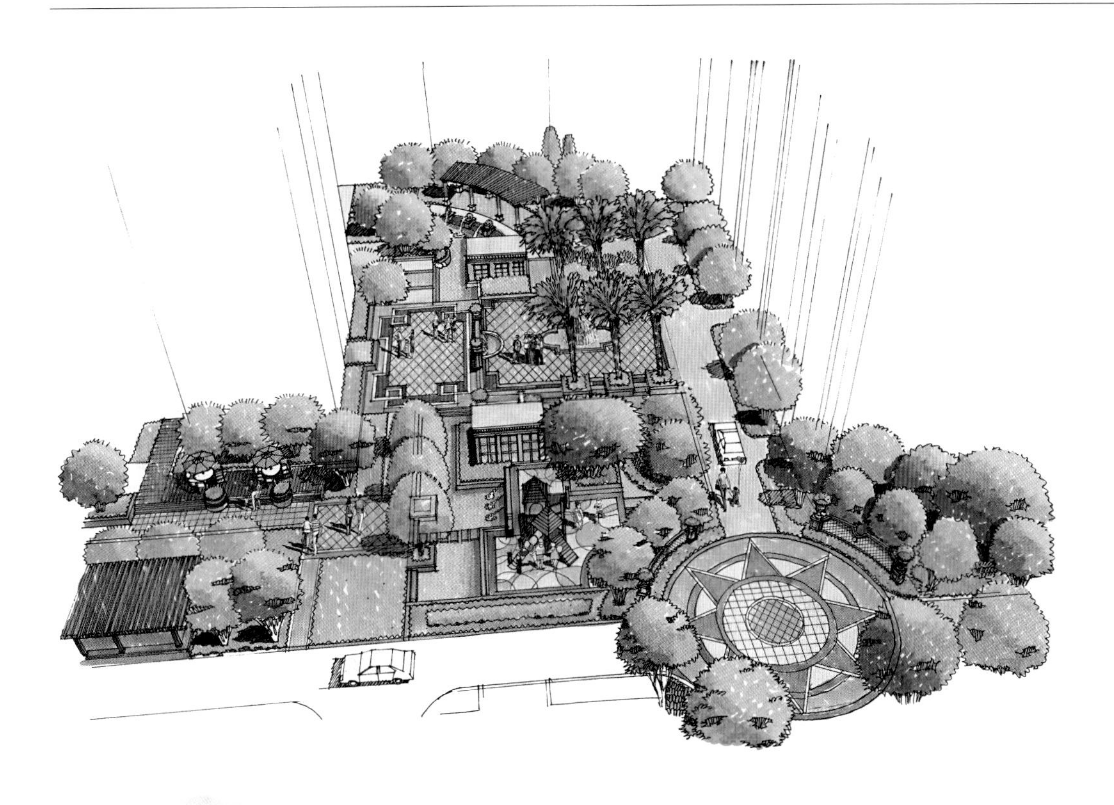

设计师：卢剑伟　严生钢

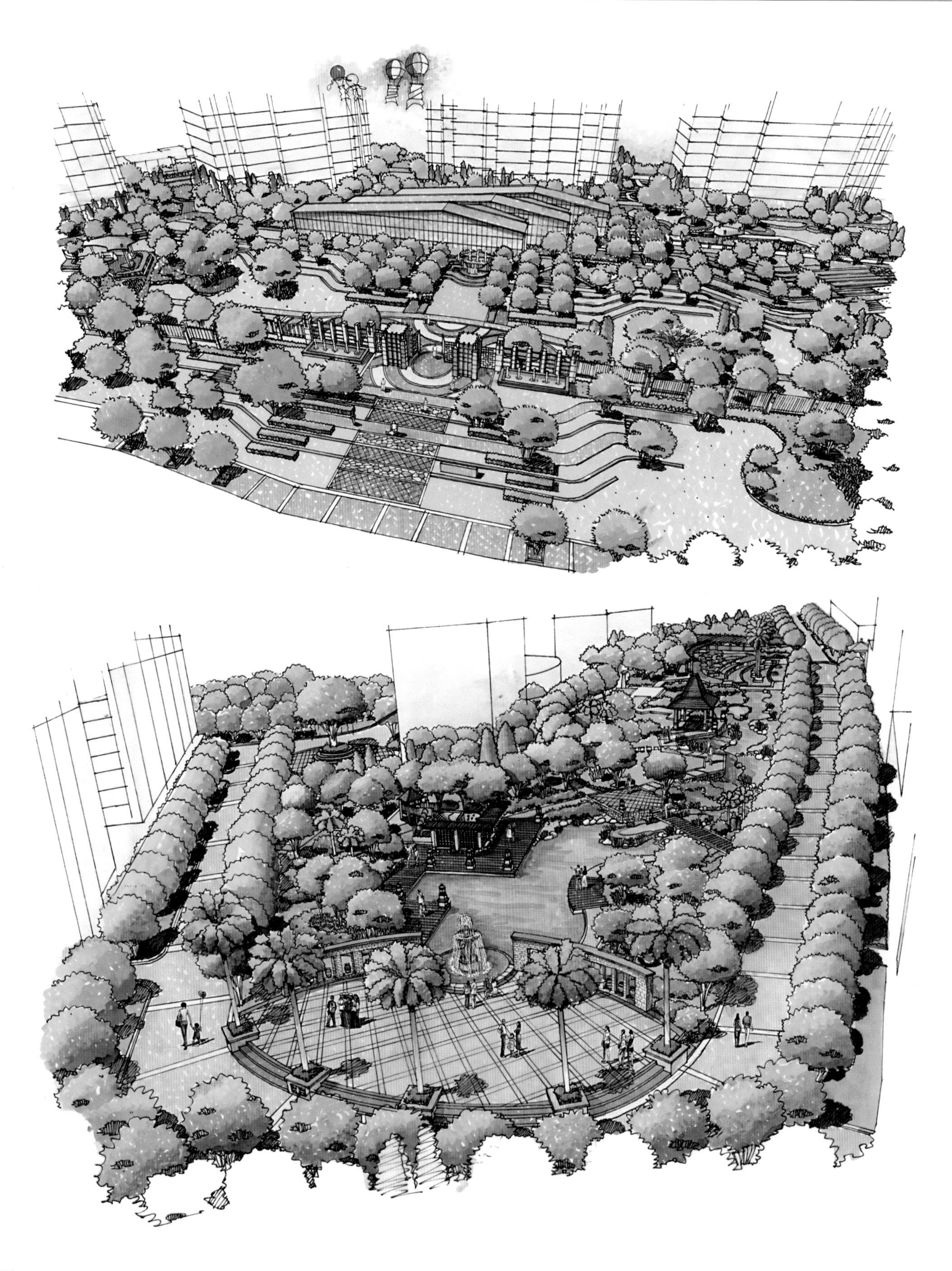

五、标题说明

一套完整的快题设计图通常包括概念图解（草图）、总平面图、剖立面图、分析图、透视图。具体情况视各个院校情况而定，这些表现图，无论是采用常规的或是前卫的手法，都必须能有效地将设计意图传达给观者。

快题考试的卷面内容其主要目的是有效地表达设计构思，应该采用一种有序的构图形式将最终的设计成果绘制并布置在图纸上。通常在适当的距离下仍能清晰可读时，采用最小的字母和最简单的字形。一套图纸中，尽量在版式、尺寸大小、形状、方向和图纸类型上保持一致。图板上介质使用的连贯性也有助于多个图面的统一性。

无论是课程设计还是快题设计，在图面上平衡和安排各种元素时，要尽力做到有创造性。如在白色底板上用黑色块来整合琐碎的图画，帮助组织和协调那些在所有表现图里的表面上毫不相干的片段元素。

组织各图面的最终目的是把被利用的各种画图惯例和文字说明有效地结合起来。这在很大程度上取决于表现图版的大小和形状以及选用的对各种图纸（格网、强化背景、放射和旋转、突出中心等）的组合方式。参考一些平面图的排版方式，就会得到启发，它们告诉你应该怎样去处理你自己的表现图版式设计。

版式设计是为了下一步传递设计信息服务的，那么保证设计图纸的完整、清晰则是前提。即使版式设计非常吸引人，但图纸的质量受到了影响，那也必将适得其反。因此设计师应平衡好版式设计中艺术性和科学性的关系，来达到最有效传递设计文件的目的。

文字说明在快题设计中是必不可少的一部分，在评分过程中文字说明同样占有一定的分值比例。文字说明应简洁扼要，内容涉及场地分析、立意布局、功能结构、交通流线、视觉景观和预期效果等，形式上要排列整齐、字体端正，给人以思维清晰、条理分明的感觉，切忌说大话、套话。

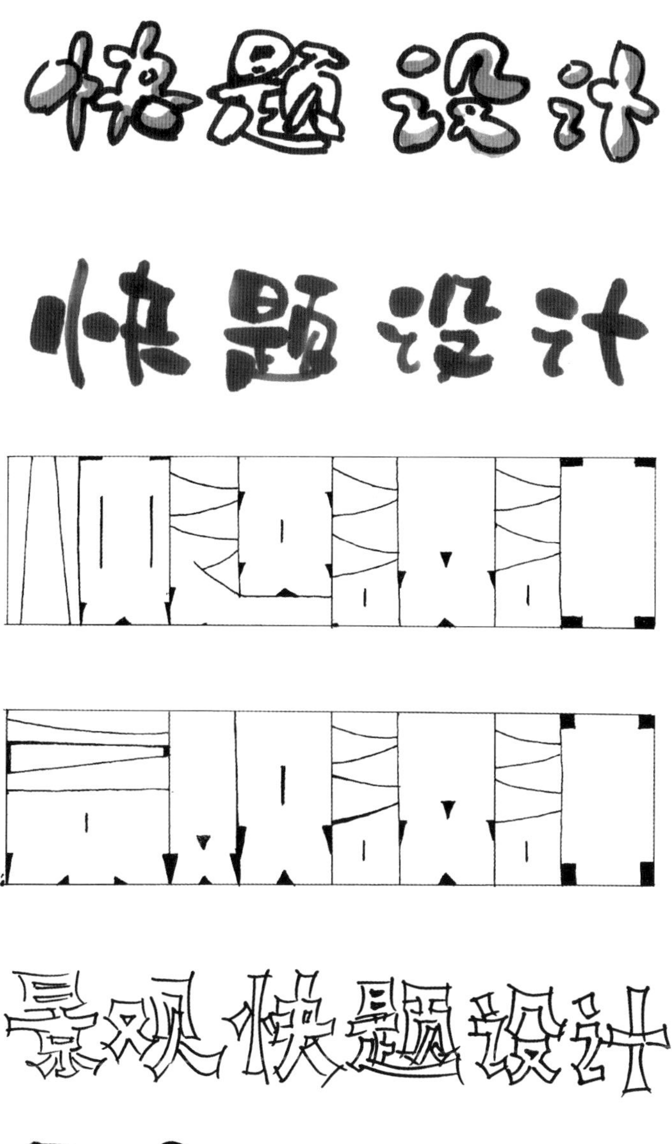

第四章　实例分析

第一节　节点设计

一、基本概念

节点就是一个视线汇聚的地方，也就是在整个景观轴线上比较突出的景观点。比如大型广场的中心雕塑就是景观节点，其作用就是能吸引周边的视线，从而突出该点的景观效果。景观节点往往在整个景观设计中起画龙点睛的作用。

二、设计原则

1．整体性原则

节点一般处于交通网络的交点上，由于交通网络的交点往往形态相似，因此，如果不做特殊的处理，容易使人迷失方向。节点设计的首要原则是具有整体性。无论在广场上、庭院中、校园里，还是在滨水区，节点的设计都不能脱离了整体的风格，应该在形态、结构、色彩、植物配置等方面与整体保持一致。

2．特色性原则

节点的设计在保持整体性的基础上，应有自己的特色。有特色的节点，才能起到辨识方向的作用，也容易达到移步换景的效果。这种特色可以体现在造景的艺术手法上，如可以采用对景、借景、隔景、障景等。

3．艺术性原则

节点作为园林景观的一部分，一般具有较小的面积和空间，因此，要体现节点的特色，就要精雕细琢，尽可能地丰富节点的内容，通过植被、雕塑、假山石等的巧妙配置、组合，使其具有艺术性、观赏性。

三、设计要点

1．植物的配置

植物的配置分为三种情况：

（1）以植物为主体的节点设计，应选定一种植物为基调，再配以2～3种其他的植物起到辅助的作用。基调植物可以选择四季常青的树种，如松、柏、竹等，避免出现节点季节性的空缺。辅助的植物可以选择不同颜色的观叶或观花植物，让节点更具观赏性。

（2）以雕塑、假山石、亭等为主体的节点设计，在此类节点中，植物不是节点的主体，而是起到衬托主体的作用。这时候，植物的选择应该能够体现主体的特征，如主体是名人雕像，植物可以选择能体现其精神的树种。

（3）以水体为主体的节点设计，植物在水景中具有无法替代的作用，睡莲、荷花等水生植物可以为水面增彩。还可以考虑使用抗风性强的植物，如水杉、池杉、落羽杉、垂柳等。

2．尺度和比例

节点的设计，要把握尺度和比例。这里所说的比例一般不是具体的尺寸大小，而是给人们感觉上的大小印象同真实大小之间的关系。北方四合院中的庭院树种常采用海棠、金银木、石榴、玉兰，大门口外由于街道的空间大，常选用槐树。北京天安门前花坛中的黄杨球直径4米，绿篱宽7米，都超出了平常的尺度，但是与广场和天安门城楼的比例和尺度是和谐的。

四、题例解析

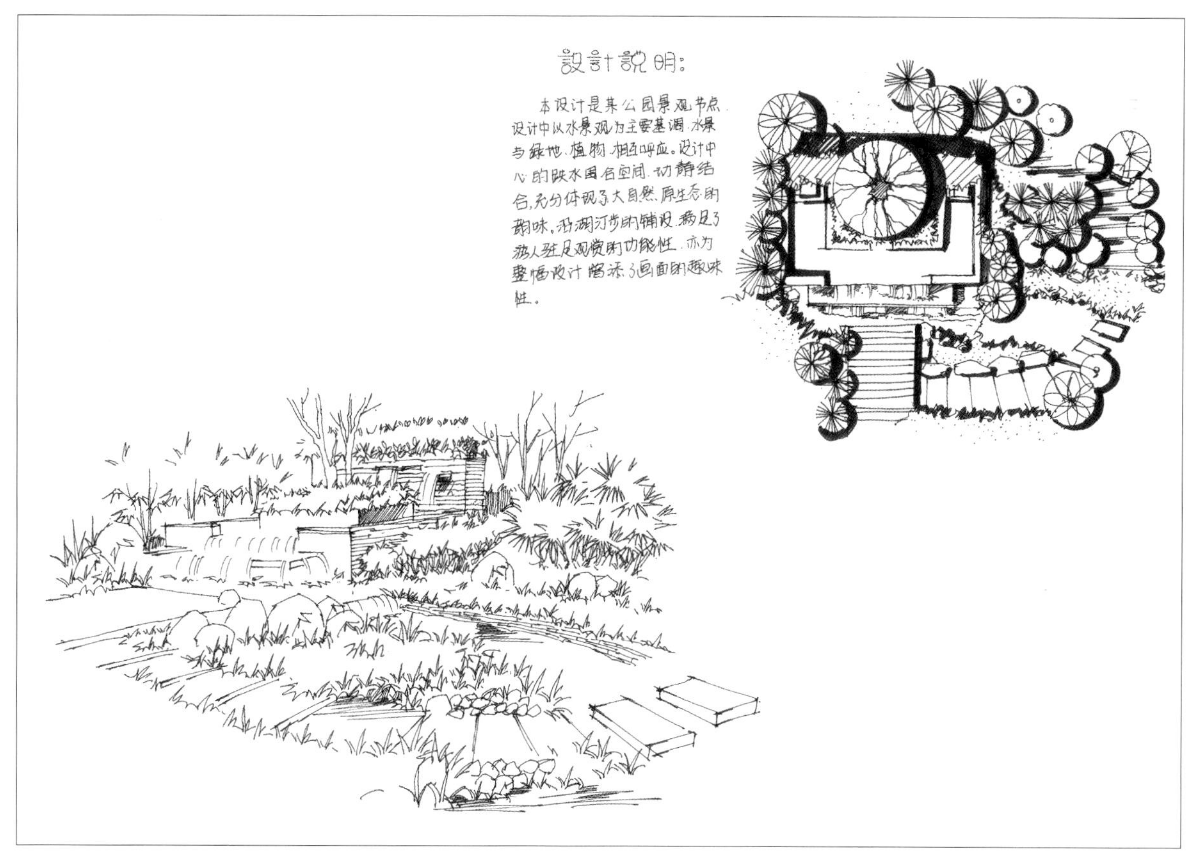

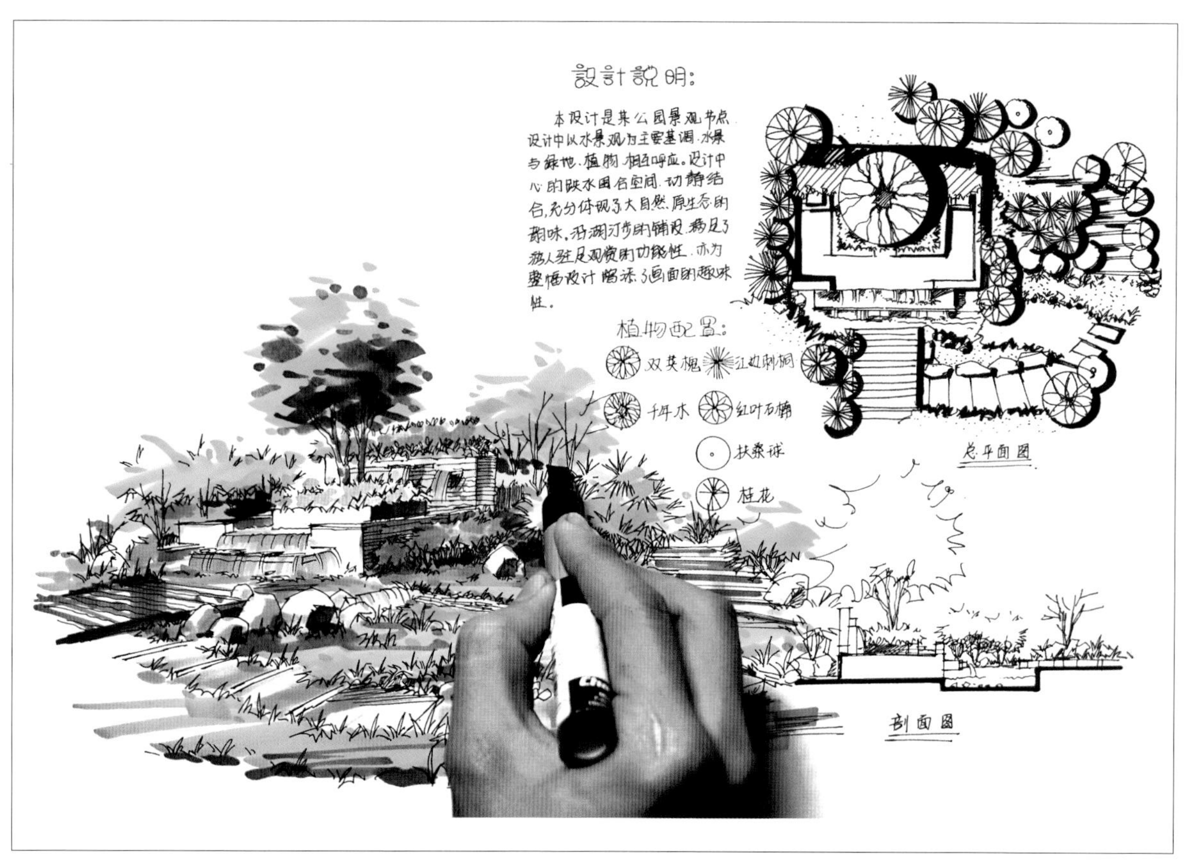
設計說明：
本设计是某公园景观节点
设计中以水景观为主要基调，水景
与绿地、植物相互呼应。设计中
心的跌水围合空间，动静结
合，充分体现了大自然、原生态的
韵味。沿溯汀步的铺设，满足了
游人驻足观赏的功能性，亦为
整幅设计增添了画面的趣味
性。

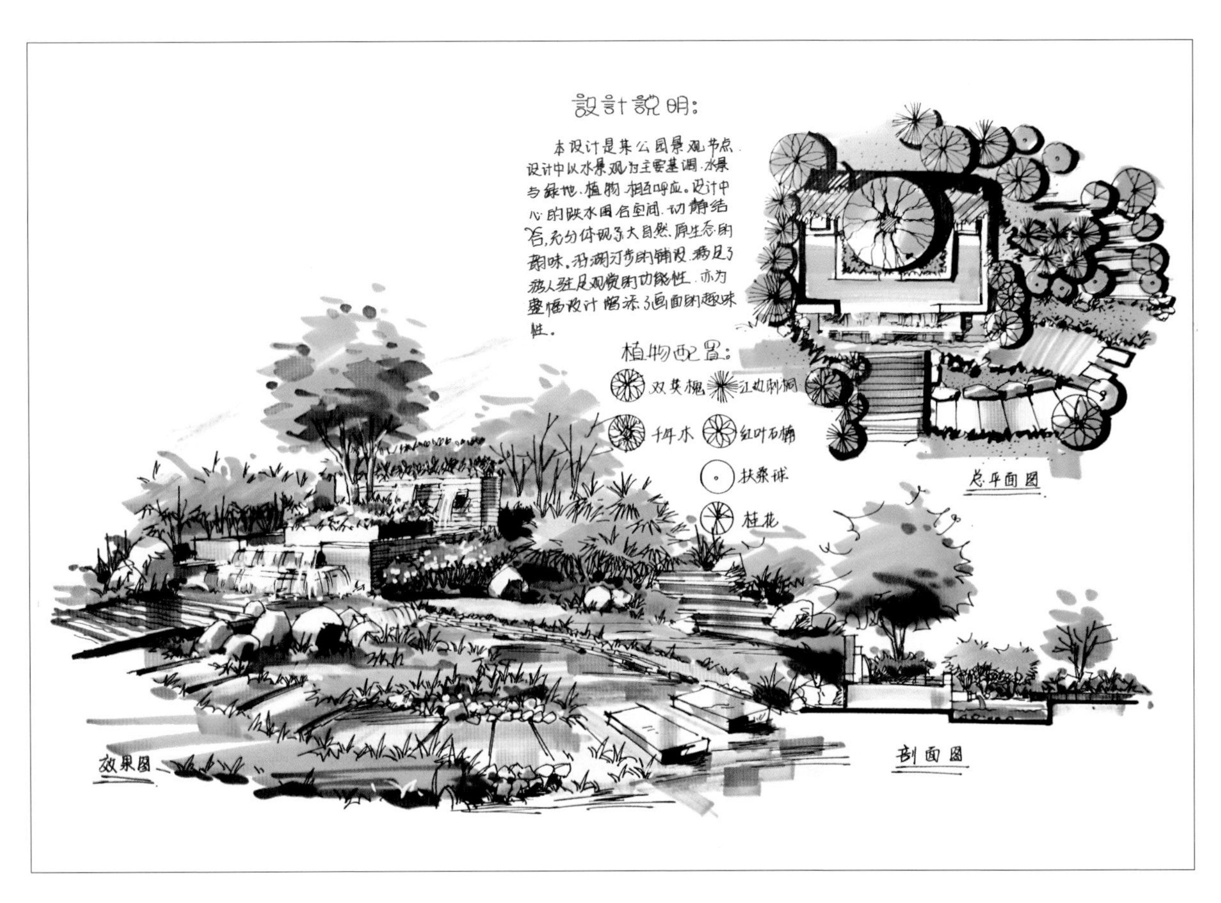
設計說明：
本设计是某公园景观节点。设计中以水景观为主要基调，水景与绿地、植物相互呼应。设计中心的跌水围合空间，动静结合，充分体现了大自然、原生态的韵味。汀步的铺设，满足了游人驻足观赏的功能性，亦为整幅设计增添了画面的趣味性。
植物配置：
双荚槐
江边刺桐
千年木
红叶石楠
扶桑球
桂花
总平面图
剖面图
效果图

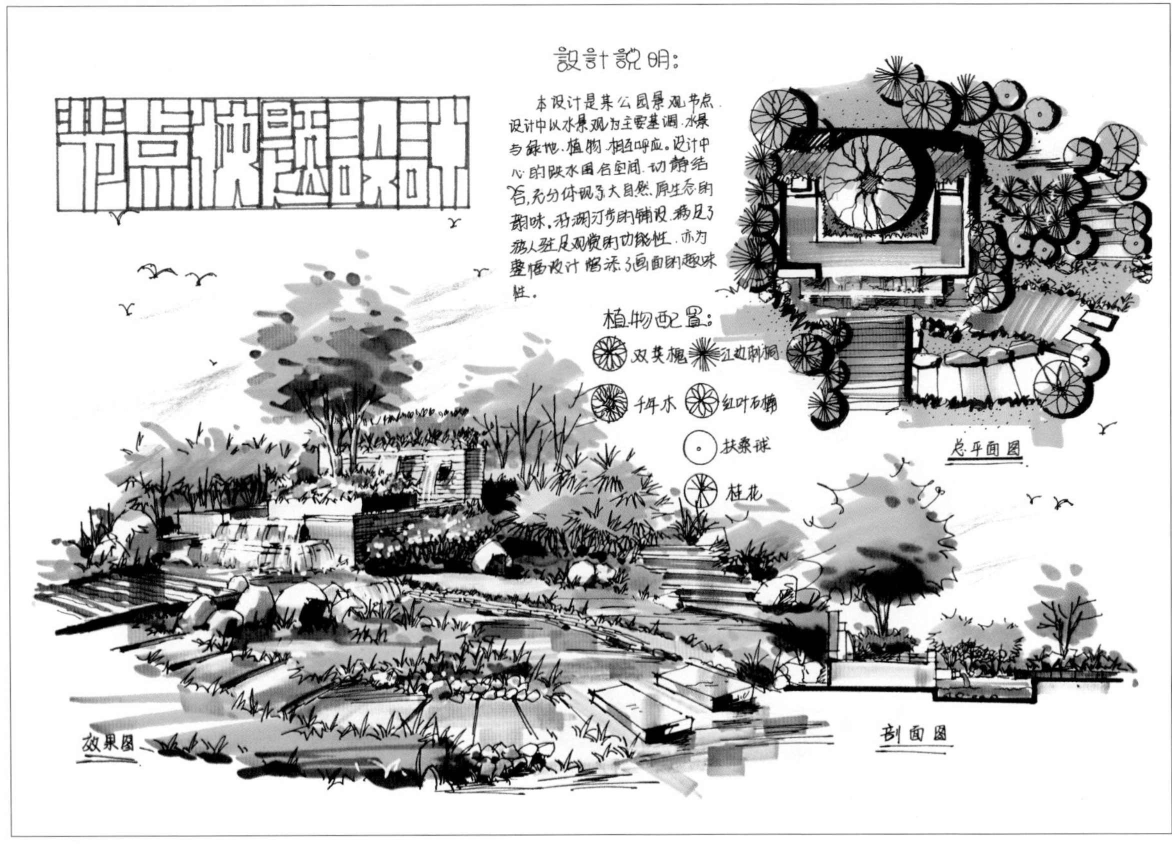
节点快题設計
設計說明：
本设计是某公园景观节点。设计中以水景观为主要基调，水景与绿地、植物相互呼应。设计中心的跌水围合空间，动静结合，充分体现了大自然、原生态的韵味。汀步的铺设，满足了游人驻足观赏的功能性，亦为整幅设计增添了画面的趣味性。
植物配置：
双荚槐
江边刺桐
千年木
红叶石楠
扶桑球
桂花
总平面图
剖面图
效果图

第二节　庭院景观设计

一、基本概念

庭院是一种生活方式的载体，它是室内居家生活向外部空间的延续。由于四周被建筑物或构筑物围合，一般面积较小，设计时多注重塑造空间的意境。在设计庭院的同时要处理好庭院与周围建筑物的关系，以及出入口和室内风格要保持一致。

在庭院设计中应遵循以下原则：多样统一原则、均衡原则、韵律原则、对比原则、和谐原则、简单原则、寻求意境原则。现今越来越多的住宅开始设计入户庭院和大阳台，庭院设计已逐步成为景观设计的一个潮流。现代庭院设计的风格主要有中国古典园林风格、日本风格、欧美风格、现代主义简洁风格等。设计者可根据户主的喜好，结合房屋及周边的环境确定设计风格和设计意向。

庭院景观是建筑室内空间的延续，也是一个四周封闭而中间开敞的较为私密性的空间。起初庭院只由四周的墙坦界定，后来围合方式逐渐演变成为建筑、柱廊和墙垣等界面，形成一个内向型和对外封闭对内开放的空间。

二、分类

庭院从布局上来说，可以分为三大类：规则式、自然式、混合式。

1．规则式

规则式庭院风格的构图多为几何图形，垂直要素也常为规则的球体、圆柱体、圆锥体等。

2．自然式

自然式庭院模仿自然，具有天然的野趣性，采用天然的的材料，设计上“虽由人作，宛自天开”。

3．混合式

大部分的庭院兼有规则式和自然式的特点，形成了混合式的庭院。这种庭院有三种的表现形式：其一为规则的元素呈自然式的布局，欧洲古典庭院主要为此特征；其二为自然式的元素呈规则式的布局，如中国北方的四合院；其三为规则的硬质构造物与自然的软质元素自然连接，上海新建的许多别墅中体现此特征。

三、设计原则

1．以人为本的原则

庭院式建筑的延伸，是一个外边封闭而中心开敞的空间，在这个空间里，应有强烈的场所感，吸引人们在此集聚和交往。对于私家庭院，更应该根据主人的需要，创造出适合主人风格和品位的空间。

2．功能性原则

庭院的设计不仅要体现观赏性、更应该体现功能性，创造一个多功能的庭院是对空间的合理利用，还将在一定程度上反映设计者和使用者的品位和智慧。我国传统的庭院空间承载着人们吃饭、洗衣游憩、休息等日常性和休闲性活动，而现代建筑的庭院承载的活动范围更加广泛。如浇花剪草时享受阳光的折射，让紧张工作的人们得到身心的放松。

3．便于维护的原则

保持庭院景观的延续性是庭院景观设计的重要方面，通过合理的设计，选择合理的树种，将庭院的维护时间和维护费用减少到最小。

四、要点

1．风格的确定

庭院的风格有欧式风格、日式风格、中式风格等，确定庭院的风格是设计庭院景观的第一步。要根据周边的环境、建筑的风格、使用人员的爱好等确定合适的风格。避免在日式风格的建筑中建造欧式风格的庭院，而在欧式风格的建筑中建造日式的庭院也同样显得格格不入。

2．材料的选择

庭院景观材料的选择要因地制宜，适地种树，植物的选择可参考以下标准：

（1）经济实用型

梨树、苹果树、石榴、山楂、木瓜、葡萄、金银花、枸杞、猕猴桃等。

（2）观赏型

玉兰、牡丹、月季、紫荆、紫薇、锦带花、木香、凌霄、牵牛、迎春等。

（3）绿化型

女贞、冬青、黄杨、黄叶小贞、爬山虎、爬行卫矛、络石、一串红、鸡冠花、翠菊、金鸡菊、荷兰菊、美人蕉、石竹、沿阶草等。

五、细部设计

1．植物的配置

植物是营造优美庭院的主要材料，在庭院设计中必不可少。但植物的选用和配置有许多注意点。首先，要根据庭院面积的大小考虑植物的比例和尺度，大比例、大尺度给人以威严、雄伟的感觉，小比例、小尺度给人以亲切宜人的感觉。对待大的庭院宜采用简洁、大气的设计方法，给人以干净、利落之感，对于较小的庭院，则须精雕细琢，给人以一种亲切、细腻之感。其次，在植物的选择上，宜求精而忌冗杂。为此，庭院植物种类不宜太多，以一种植物为基调，再选3～5种的辅助树种即可。还可根据植物的不同形态，巧妙搭配，营造出乔、灌、草相结合的群落景观。最后，要创造出色彩缤纷的庭院，使四季皆有景可赏。如：宝枫、银杏等的种植可形成“霜叶红于二月花”的场景，梅花的种植，能为寒冷的冬天增加生命的气息。

2．水体的设计

水是生命之源，亲水是人们的向往，在这个水体越来越少的年代，创造“水体”，成为现代人的一种追求。庭院水体的特点是小，优秀的设计者应该能够将如此小的水体创造得富于变化，喷泉、瀑布、池塘等历来是水景设计的重要措施，点缀点荷花、芦苇，又何乐而不为呢？另外，在追求视觉效果的同时，应注意保证安全性，必要的时候采取一定的措施，避免产生危险。

3．园路的设计

庭院中的园路的特点是：窄、幽、雅。园路的设计应结合地形、水体、植被、建筑物等，为创造更丰富的风景图，达到移步换景的效果，在道路的组织上，做到疏密有致、曲折有序。道路的布局根据使用者的容量大小决定，人流量大的地方，密度可大，但要避免形成方格状。

4．小品的设计

假山、凉亭、花架、雕塑、桌凳等，这些设施在庭院中的体量较小，却能起到画龙点睛的效果。运用小品将周围环境和外界景色组织起来，使庭院的意境更生动，凉亭、桌凳等还有一定的功能性，满足人们休憩的要求。

六、题例解析

設計說明
本设计是一所私家别墅的
庭院景观设计。本设计以绿化
观赏为主。中心水景区别具一格，
充分体现了环境特色。在打造私
密的人性空间的同时，满足了产生
的各项功能性，集休闲、娱乐、观
赏于一体的景观空间。

植物配置
鸡蛋花
红叶石楠
散尾葵
扶桑球
設計說明
本设计是一所私家别墅的
庭院景观设计。本设计以绿化
观赏为主。中心水景区别具一格，
充分体现了环境特色。在打造私
密的人性空间的同时，满足了产生
的各项功能性，集休闲、娱乐、观
赏于一体的景观空间。

植物配置
鸡蛋花
红叶石楠
散尾葵
扶桑球
設計説明
本设计是一所私家别墅的
庭院景观设计. 本设计以绿化
观赏为主. 中心水景区别具一格.
充分体现了环境特色. 在打造私
密的人性空间的同时. 满足了户主
的各项功能性. 集休闲.娱乐.观
赏于一体的景观空间.

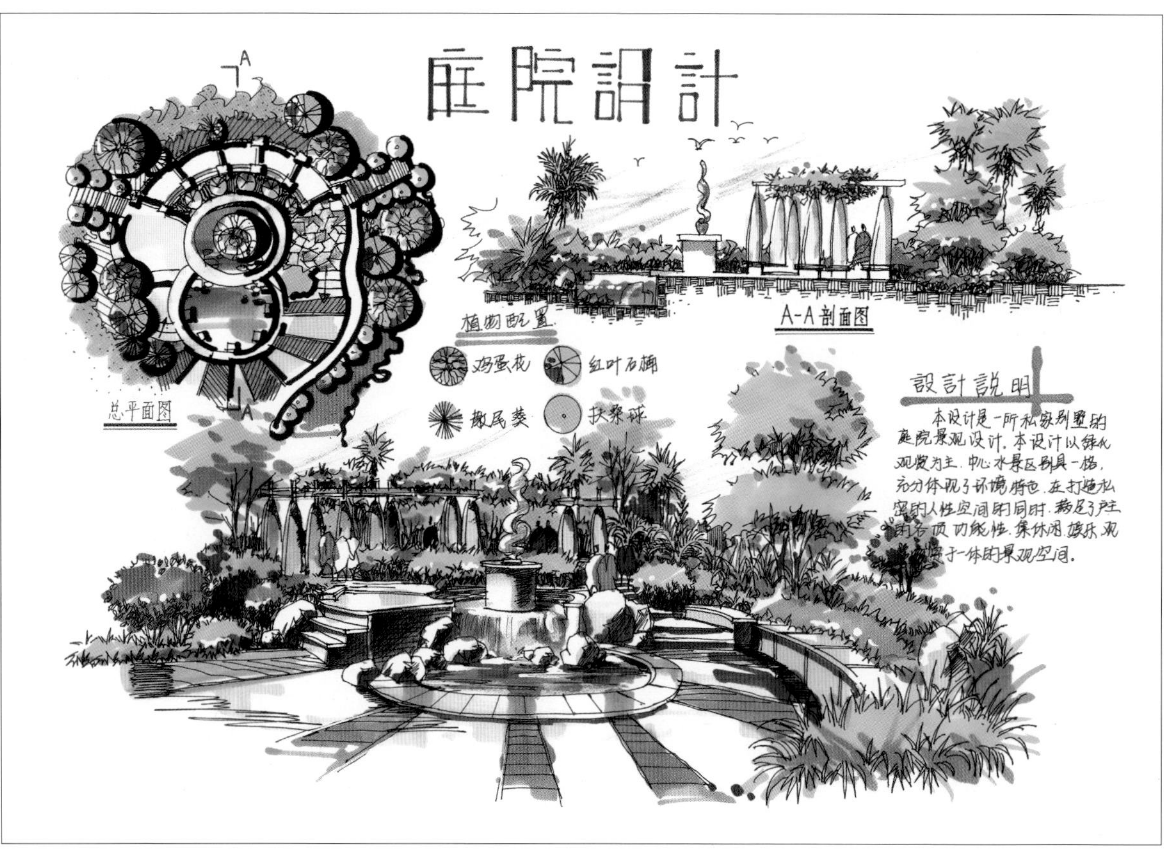
庭院設計
A
A
A-A剖面图
植物配置
鸡蛋花
红叶石楠
散尾葵
扶桑球
总平面图
設計説明
本设计是一所私家别墅的
庭院景观设计. 本设计以绿化
观赏为主. 中心水景区别具一格.
充分体现了环境特色. 在打造私
密的人性空间的同时. 满足了户主
的各项功能性. 集休闲.娱乐.观
赏于一体的景观空间.

第三节 居住区景观设计

一、基本概念

居住区景观设计是满足居民居住、工作、休息、文化教育、生活服务、交通等方面要求的综合性设计。居住区景观设计是居住区环境塑造的重要方面，是居住区规划设计的重要组成部分，不仅包括各类绿地、休憩场地、市政公用设施的设计安排，还与居住区功能布局、住宅群体布置、道路交通规划、生活服务设施安排、建筑设计等方面密切关联。

二、设计原则

1. 整体性原则

居住区景观设计的整体性原则，不仅体现在居住区景观是一个完整的统一体，还体现在景观与建筑是完整的统一体。过去先有建筑设计方案，再有景观设计方案的流程，往往导致景观为适应建筑而零散地分布在建筑四周，没有系统性。现阶段的居住区景观设计，应与居住区建筑设计同步进行，使建筑设计与景观设计既有统一的风格又有独立的系统性，达到建筑与景观的和谐统一。

2. 以人为本原则

以人为本是任何景观设计的重要原则，在居住区景观设计中显得尤为重要。人是居住区的主体，人的行为、习惯、性格、偏好等都决定了对景观环境空间的选择，只有最大程度地满足人的需求，才能使居住区的活力得以再生，要将〝以人为本〞的观念贯穿于景观设计之中，满足人们不断提高的物质和精神生活需求以及社会关系和社会心理方面的需求，始终坚定环境景观的建构是服务于人、取悦于人，满足休闲交往、安全卫生、视觉审美、生态环境等方面的功能要求。

3. 功能性原则

在居住区景观设计中，要避免为景观而景观忽视了景观的功能，应满足人的行为需求和心理需求。人们在户外休闲娱乐时，应根据人们的行为习惯设计相应的环境设施以满足其使用功能的要求，例如，人车分流能增加绿化率，保证路面行走的安全性等。满足人的心理需求主要是通过景观设计满足居民对私密性、舒适性、归宿感的要求。

4. 生态化原则

居住区景观设计不仅需要满足人们的需求，更应该注重结合和利用自然环境，使人工景观和自然景观有机结合，能够较好地保护和利用现有的地形、地貌、水体绿化等自然条件，形成良好的生态格局，选用生态环保型材料使居住区达到绿色环保要求，实现可持续发展。

三、要点

1. 居住区绿地景观设计要点

居住区绿地包括公共绿地、宅旁绿地、配套或公建所属绿地和道路绿地，其中包括了满足当地植树绿化覆土要求、方便居民出入的地下或半地下建筑的屋顶绿地。其中的公共绿地，根据位置关系，又可分为中心绿地和非中心绿地。中心绿地包括居住区公园、小游园和组团绿地，非中心绿地主要是其他的块状、带状绿地。居住区绿地景观规划应注意与居住区功能划分、等级结构、公建布置、道路组织相协调，形成成环成网、均匀分布的系统网络。植物配置应该根据居住区绿化的功能、景观效果及植物的生态习性作综合安排。

居住区公共绿地设置应满足以下规定：

（1）中心绿地的设置，至少应有一个边与相应级别的道路相邻；

（2）绿化面积（含水面）不宜小于70%；

（3）便于居民休憩、散步和交往之用，宜采用开散式，以绿篱或其他通透式院墙栏杆作分隔；

（4）组团绿地的设置应满足有不少于1／3的绿地面积在标准的建筑日照阴影线范围之外的要求，并便于设置儿童游戏设施和适合成人游憩活动。

2. 道路景观设计要点

居住区道路可以分为：居住区级道路、居住小区级道路、居住组团级道路、宅前小路，不同的道路其绿化配置要求不同，详见下表：

道路级别	功能	绿化配置要求
居住区级道路	联系居住区内外的通道，车行、人行流量较大，车行宽度需9m以上	1．行道树枝下高3m以上 2．交叉口处须满足安全视距，只能种植低于0.7m的灌木花卉或草坪 3．人行道与住宅间以乔灌草形成多层次复合结构的带状绿地，阻隔噪音和灰尘
居住小区级道路	联系居住区各组成部分的道路，一般宽度3～5m	树种可选择色叶、开花乔木，配合不同的道路断面形式，形成个性丰富的景观
居住组团级道路	一般以通行自行车和行人为主，一般路宽2～3m	多采用开花灌木，应形成组团的植物特色，增强可识别性。
宅前小路	通往各住户、单元入户的道路，宽2m左右	绿化布置要适当退后路缘0.5～1m。保证救护车、消防车、垃圾车等顺利通行

道路作为居住区景观的骨架，不仅是由一处通往另一处的通道，而且应当被视为整个居住区景观环境不可分割的部分，与居住区整体的环境设计融为一体。道路的曲折变化引起视野的范围的不断变化，形成一系列连续的道路空间。利用沿街的建筑、绿化以及路旁的各类设施小品营造出居住区道路景观。

四、细部设计

1．植物配置

植物配置关键是树种的选择和种植方式。

（1）树种的选择

在树种的选择上，要考虑植物对生态环境的作用，植物的空间组织功能以及植物的生态习性。确定一个树种为基调树种，主要作为行道树或林荫树，再根据场合选取其他树种。如在儿童游乐的场所，避免使用带有针、刺的树种。另外，还应该保持居住区常年的绿化，做到四季常青，三季有花。

（2）树种的种植方式

在种植方式上，除了遵循乔、灌、草相结合的原则，还可灵活运用孤植、对植、群植、带植等方法，起到对景、框景、遮挡、引导等效果。

2．设施

居住区内部要有儿童游乐设施、休息设施、服务设施等。

（1）儿童游乐设施

儿童是居住环境的主要服务对象之一，儿童游乐设施是居住区不可或缺的部分。儿童游乐设施的主要内容有：沙坑、涉水池、草坪、铺地、组合器械等，其中，组合器械已经成为游乐设施的主体。在儿童游乐场地的设计上，要根据不同年龄段的儿童，设计出不同的风格，选取不同的娱乐器械。

（2）休息设施

休息设施主要有椅、凳、亭。椅、凳、亭的设计要与居住区的整体风格相协调，可以结合草坪、大树、水池等合理配置。在具体设计上，力求创新，但也应该满足人体工程学的要求。

（3）服务设施

垃圾桶、电话亭、车库等，在整个住区的景观中，充当服务员的角色，有了它们，居民的生活更加便利，为了与整体环境相协调 ，可以将这些服务设施设计成有个性的景观小品，通过形状、色彩等的变化，起到点缀空间的作用。

五、题例解析

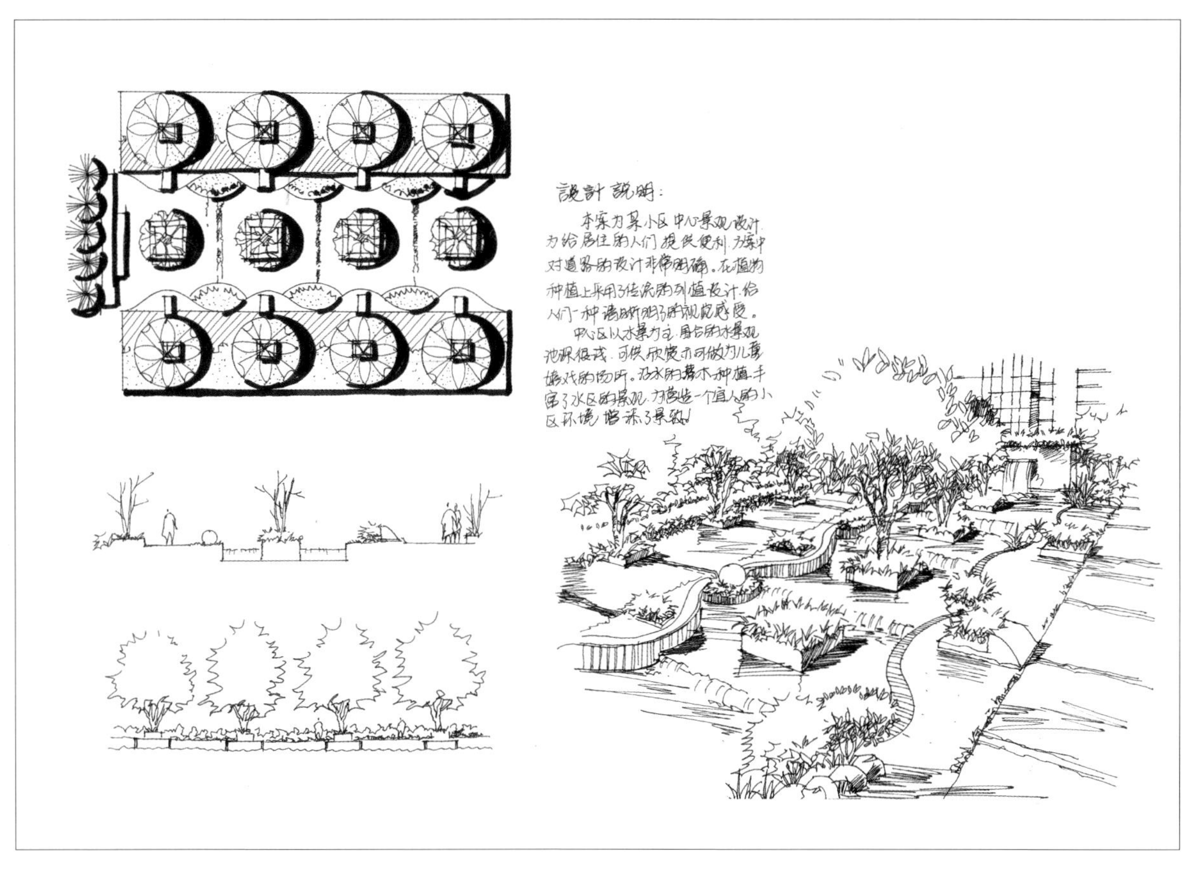
設計説明：
本案为某小区中心景观设计
为给居住的人们提供便利，方案中
对道路的设计非常明确。在植物
种植上采用了传统的列植设计，给
人们一种清晰明了的视觉感受。
中心区以水景为主，周台的水景观
池环绕线，可供欣赏亦可做为儿童
嬉戏的场所。沿水的灌木种植丰
富了水区的景观，为营造一个宜人的小
区环境增添了景致！

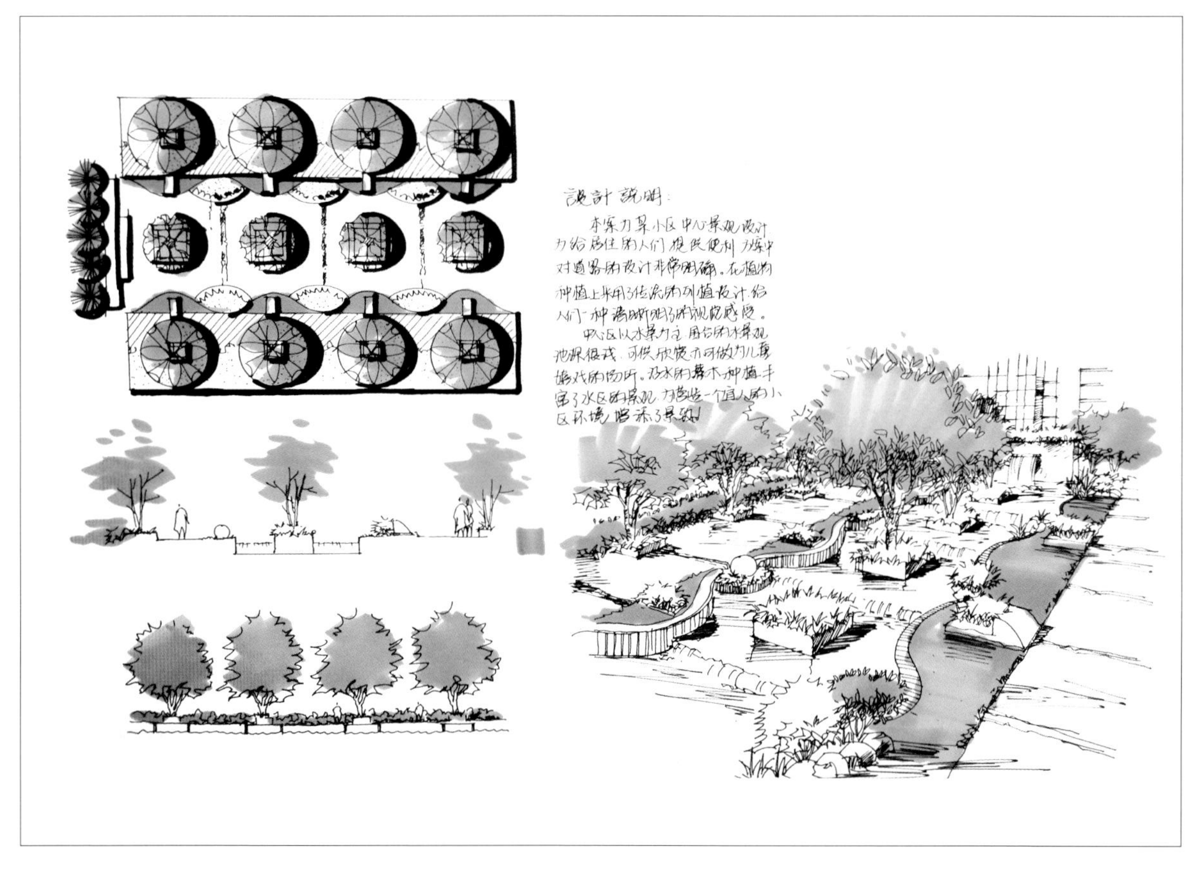
設計説明：
本案为某小区中心景观设计
为给居住的人们提供便利，方案中
对道路的设计非常明确。在植物
种植上采用了传统的列植设计，给
人们一种清晰明了的视觉感受。
中心区以水景为主，周台的水景观
池环绕线，可供欣赏亦可做为儿童
嬉戏的场所。沿水的灌木种植丰
富了水区的景观，为营造一个宜人的小
区环境增添了景致！

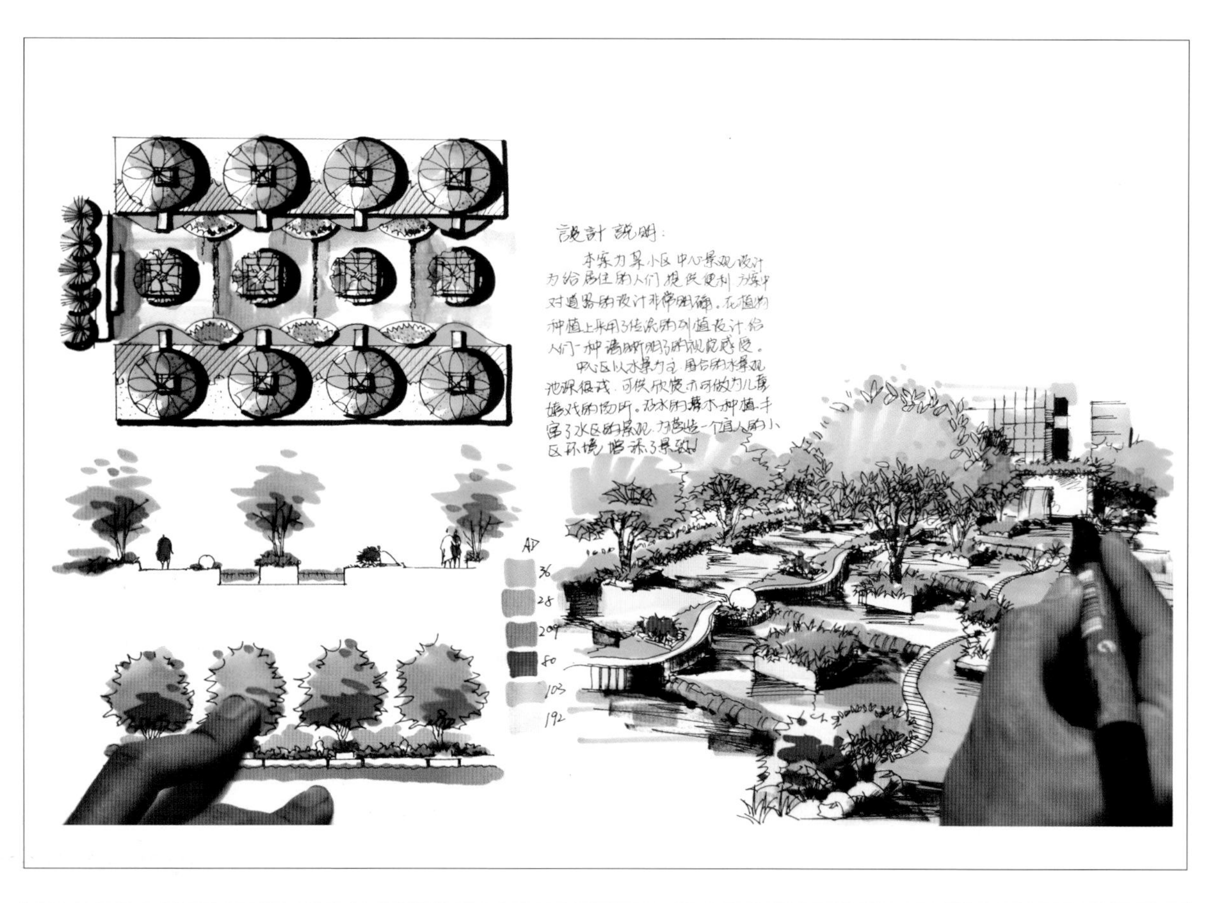
設計說明：
本案为某小区中心景观设计，
为给居住的人们提供便利，方案中
对道路的设计非常明确。在植物
种植上采用了传统的列植设计，给
人们一种清晰明了的视觉感受。
中心区以水景为主，周台的水景观
池很好，可供欣赏亦可做为儿童
嬉戏的场所。亲水的草木种植丰
富了水区的景观，为营造一个宜人的小
区环境增添了景致！
AD
36
25
209
50
103
192

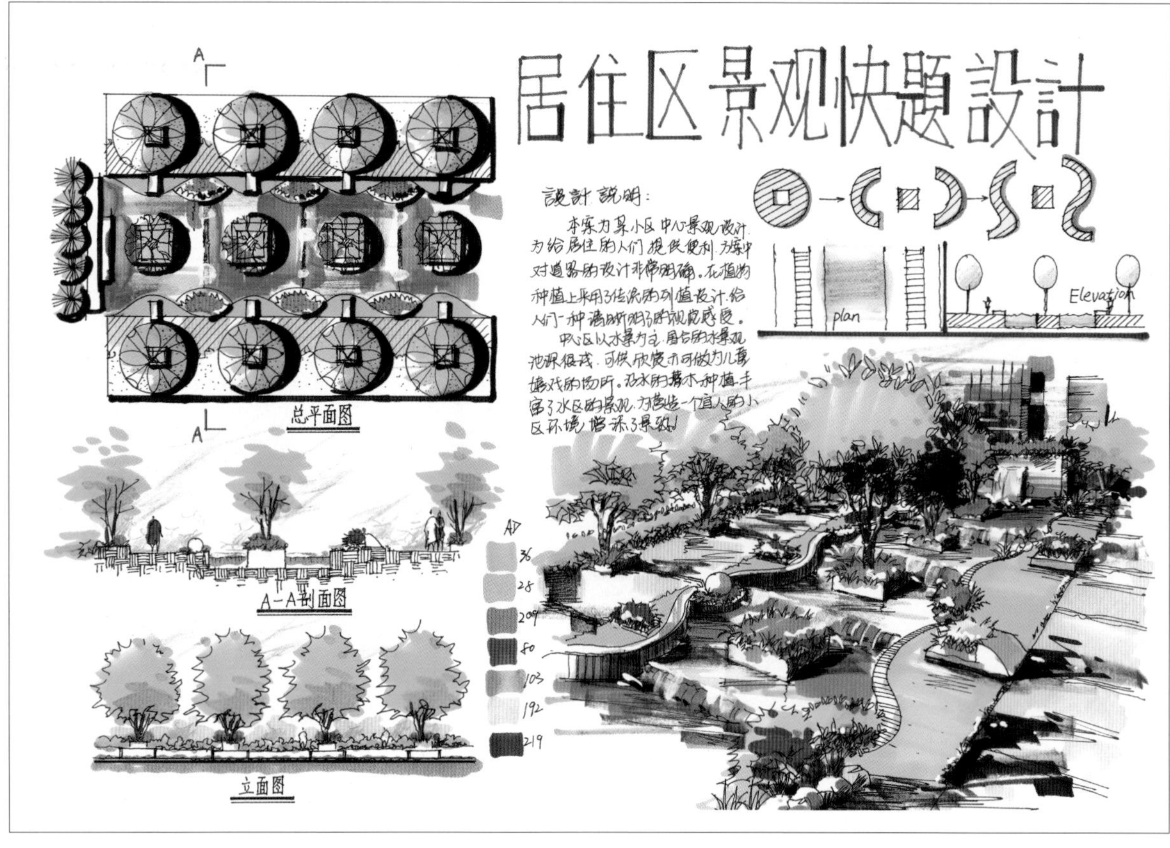
居住区景观快题設計
設計說明：
本案为某小区中心景观设计，
为给居住的人们提供便利，方案中
对道路的设计非常明确。在植物
种植上采用了传统的列植设计，给
人们一种清晰明了的视觉感受。
中心区以水景为主，周台的水景观
池很好，可供欣赏亦可做为儿童
嬉戏的场所。亲水的草木种植丰
富了水区的景观，为营造一个宜人的小
区环境增添了景致！
plan
Elevation
A
总平面图
A—A剖面图
立面图
AD
36
25
209
50
103
192
219

第四节　广场设计

一、基本概念

广场作为最古老的城市外部空间形式，源于古希腊“AGORA”，即“集中”，又指人群集中的地方。《中国大百科全书》将城市广场定义为：城市中由建筑物、道路或绿化地带围绕而成的开敞空间，是城市公众社会活动的中心，是集中反映城市历史文化和艺术面貌的公共空间。

二、分类

1．市政广场

市政广场是用于政治、文化集会、庆典、游行、检阅、礼仪、传统民间节日活动的广场。广场上的主体建筑物是室内的集会空间，广场则是室外集会空间。市政广场上不宜布置过多的娱乐性建筑及设施。

2．纪念广场

纪念广场是纪念某些人物或事件的广场。广场中心或侧面以纪念雕塑、纪念碑、纪念物或纪念性建筑作为标志物，须注意的是主体标志物应位于构图中心，其布局及形式应满足广场氛围、象征的要求。纪念广场本身应成为纪念性雕塑或纪念碑底座的有机构成部分。建筑物、雕塑、绿化、水面、地面纹理应相互呼应，以加强整体的艺术表现力。

3．交通广场

交通广场是城市交通的有机组成部分，是交通的连接枢纽，起交通、集散、联系、过渡及停车的作用，广场内部有合理的交通组织。它应满足通畅无阻、联系方便的要求，有足够的面积及空间以满足车流、人流和安全的需要。如车站、港口、码头等交通要塞的广场。

4．休闲广场

休息及娱乐广场是城市中供人们休憩、郊游、演出及举行各种娱乐活动的广场和绿地。广场中宜布置台阶、坐凳等以供人们休息，设置花坛、雕塑、喷泉、水池、城市小品以供人们观赏。休息及娱乐广场应具有欢乐、轻松的气氛，布局自由，并围绕一定的主题进行构思。

5．文化广场

文化广场是进行文化娱乐活动的广场，常与城市的文化中心或有价值的文物古迹结合设置。有两种类型，一种是各种文化人和艺术家集聚的文化活动场所，如北京798艺术街区、法国的丘顶广场等，另一种是广场周围有大型或者著名的文化设施，包括博物馆、美术馆、文化艺术中心、图书馆、歌剧院、音乐厅和名人故居等，如法国的蓬皮杜艺术中心广场、西昌凉山民族文化艺术中心广场。

6．宗教广场

宗教广场是在教堂、寺庙及祠堂前举行宗教庆典、集会、游行的广场。广场上设有供宗教礼仪、祭祀、布道用的坪台、台阶或敞廊。历史上的宗教广场有时还可以与商业广场结合在一起。现代的宗教广场已逐渐起到了供市民休息、娱乐的作用。

7．商业广场

商业广场是用于集市贸易、购物的广场。商业广场大多与商业步行街结合布置，使商业活动区更集中。既便利顾客购物，又可避免人流与车流的交叉，同时可供人们休憩、郊游、饮食等使用，它是城市生活的重要中心之一。商业广场中也可适当地布置些城市小品和娱乐设施。

三、设计原则

1．生态性原则

生态性原则就是要遵循生态规律，包括生态净化规律、生态平衡规律、生态优化规律、生态经济规律，体现“因地制宜，合理布局”。城市广场建设在设计的阶段就应通盘考虑，结合规划地的实际情况，从土地利用到绿地安排，都应当遵循生态规律，尽量减少对自然生态系统的干扰，或通过规划手段恢复、改善已经恶化的生态环境。

2．规模、尺度适当原则

设计广场时，应根据城市用地的规模、广场的功能要求以及人们活动类型的需求等方面来综合考虑广场合适的规模。宜大则大，宜小则小，不能贪大求全。还应根据广场的不同功能和使用要求，确定广场合适的尺度。如政治性的广场和一般市民广场尺度就应有较大区别。

3．整体性原则

广场设计应具有整体性，主要体现在风格、形式、色彩的统一，功能和环境都具有相对的完整性。功能的完整是指一个广场应有其相对明确的功能，在这个基础上，辅之以相配合的其他功能，做到主次分明、重点突出。环境的完整是指，在广场设计中，要考虑广场环境的历史背景、文化内涵时空连续性、完整的局部、周边建筑的协调和变化有致等问题。

4．多样性原则

现代城市广场虽应有一定的主导功能，也可兼顾其他的功能类型，以满足不同类型人群的需要。广场的功能和设施应该多样化，艺术性、娱乐性、休闲性和纪念性兼收并蓄，使得广场使用更加有效，形成多种层次和类型的公共活动空间。

四、要点

1．尺度的确定

一个能满足人美感要求的广场，应该是既足够大，能引起开阔感，又足够小，能取得围合感。根据广场不同使用功能和主题要求，确定广场合适的规模和尺度。如政治性广场和一般的市民广场尺度上就应有较大区别，政治性广场的规模与尺度较大，形态较规整；而市民广场规模与尺度较小，形态较灵活。广场空间的尺度对人的情感、行为等都有很大影响，如两个人处于1～2m的距离可以产生亲切的感觉，相距12m能看清彼此的面部表情等，距离愈短亲切感愈强。对若干城市空间的亲身体验也说明20m左右是一个令人感到舒适亲切的尺度。广场的环境小品布置更要以人的尺度为设计依据。

2．广场的交通组织

广场是人员集散的中心，交通显得尤为重要，广场的交通组织分为外部交通组织和内部交通组织。

（1）外部交通组织：首先，广场的选址就应考虑到广场建成之后会给周边交通带来的压力，建成后，优先解决地面交通和地下交通的组织和转换，做好广场周边，人流、车流的分流管理。其次，应充分满足广场的大量停车需求，当广场的地面空间有限制时，可以采用地下停车的形式，提高空间利用率。

（2）内部交通组织：广场的内部交通组织，应该充分满足步行者的需要，当车辆较多时，应考虑采用人行天桥或下沉式步道的形式。

设置人行天桥或地道应该根据《城市道路交通规划设计规范》（GB50220—1995）确定的标准来确定：横过交叉口的一个路口的步行人流量大于5000人次／小时，且同时进入该路口的当量小汽车大于1200辆／小时，通过环形交叉口的步行人流量大于18000人次／小时，且同时进入环形交叉的当量小汽车交通量达到2000辆／小时。

3．广场的边界

广场处在城市的环境中，周边的建筑、道路会对广场产生影响，这些是城市广场整体领域感形成的主要因素。一般来说有两种情况，一种是周边建筑呈围合状态，另一种是周边建筑呈不完全围合状态。现代的广场由于功能的多样性和空间的开放性，常常被设计成两面或者三面面向城市道路的开放空间，容易让行人感觉到广场是道路红线范围的延伸，从而模糊了广场的边界。因此，广场设计时，可以利用地形的高差变化，在广场边界设置花坛、树池、坐凳、柱桩和草地等区别于城市道路的景观要素，从而显现广场边界作为广场与道路的过渡。

五、细部设计

1．广场的绿化

广场的绿化不仅能增加广场的表现力，还具有一定的功能作用，如美化环境、净化空气、分隔空间、减少噪音等。在树种的选择上，应该以乡土树种为主，遵循适地种树的原则。具体的植物配置，可以采取点、线、面或自由式等形式，一般来说，在规则的广场采用规则式的植物配置，在非规则的广场采用自由式的植物配置。

2．广场的铺装

铺装作为空间界面的一个方面而存在着，成为整个画面不可缺少的一部分。广场的地面可以根据不同的要求进行铺装，可以采用石板、石块、面板等镶嵌拼接成各种花纹图案，以丰富广场的空间表现力，但同时要满足排水的坡度要求。铺地的色彩选择也要慎重，要与广场的整体风格、用途相统一。如在市政广场的铺砖上，应选用正式、庄严的颜色，在儿童游乐广场的铺装上，则可以选用鲜艳、夸张的颜色，增加趣味性。

3. 标志性建筑

标志物对增强广场的可识别性具有不可替代的作用，特殊的建筑、雕塑等都可以成为广场的标志物，在广场的景观设计时，要注意标志物的使用。

六、题例解析

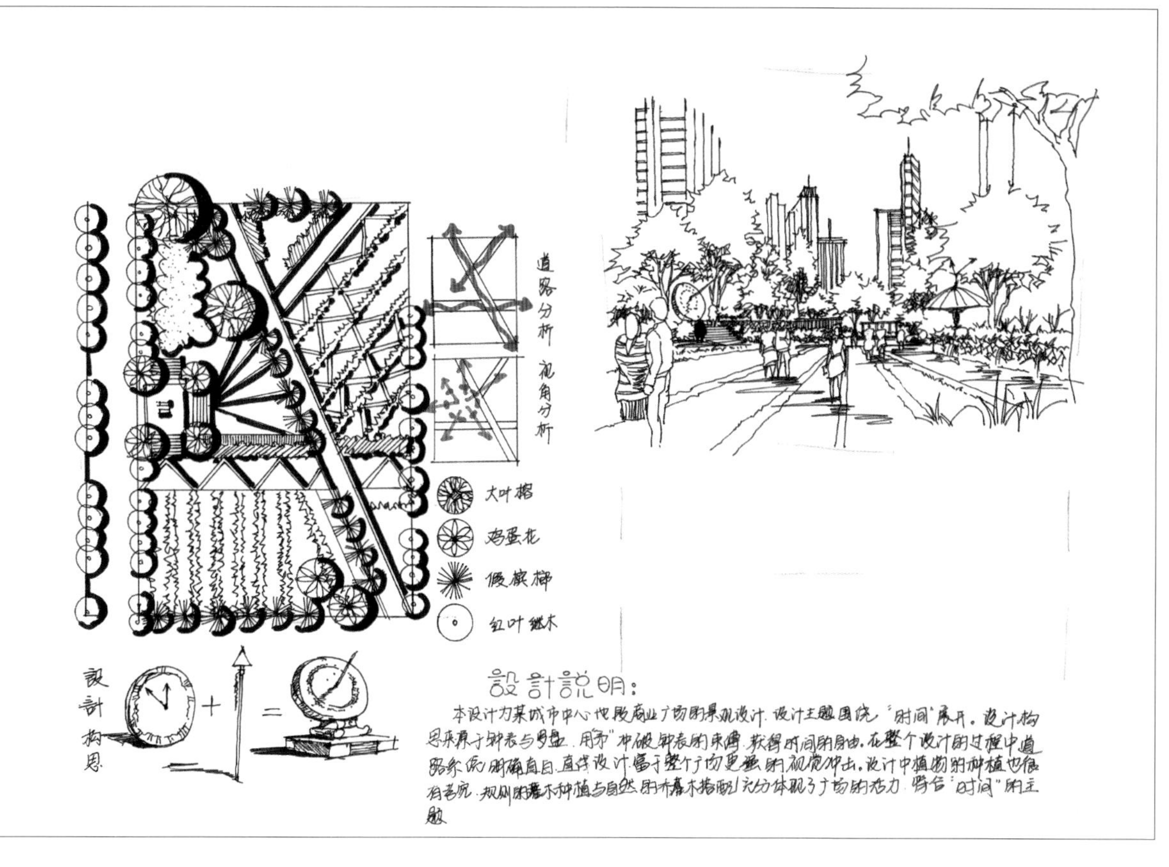

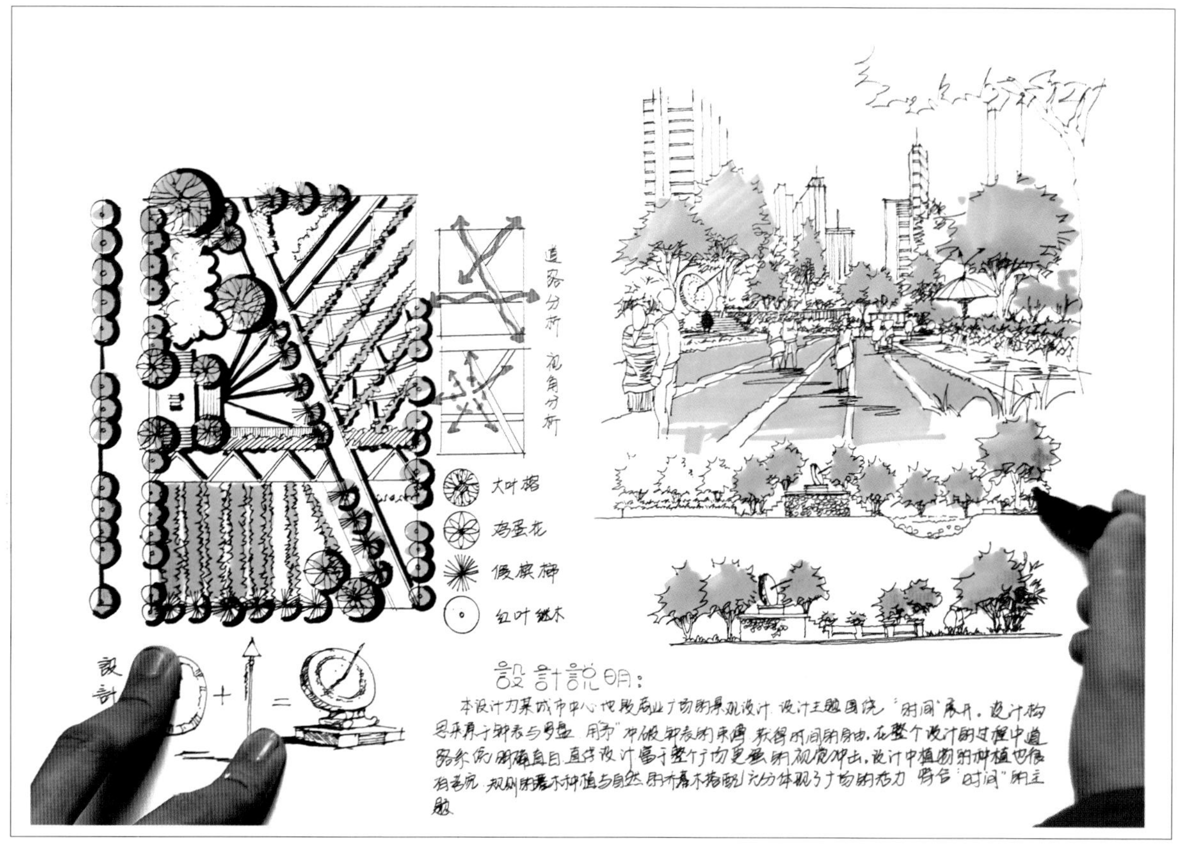

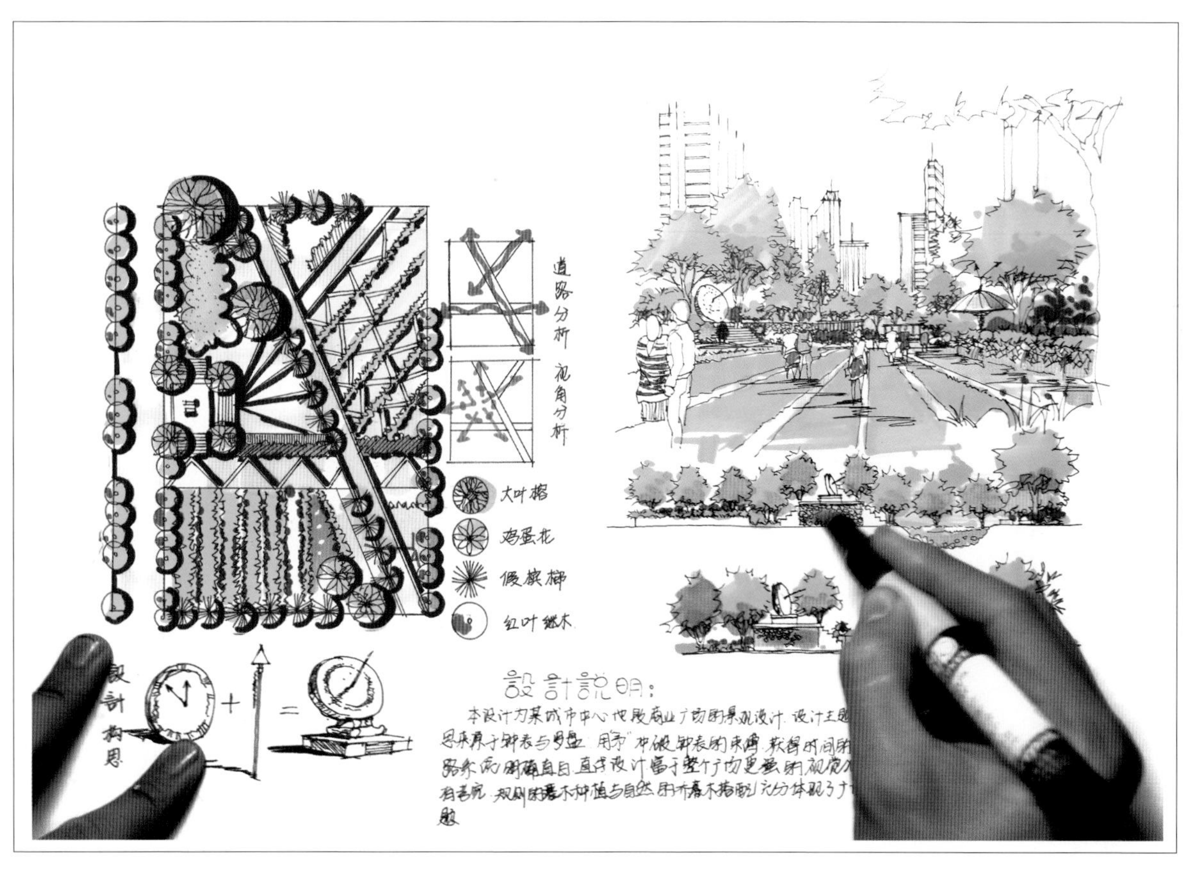
道路分析
视角分析
大叶榕
鸡蛋花
假槟榔
红叶继木
設計構思
設計說明:

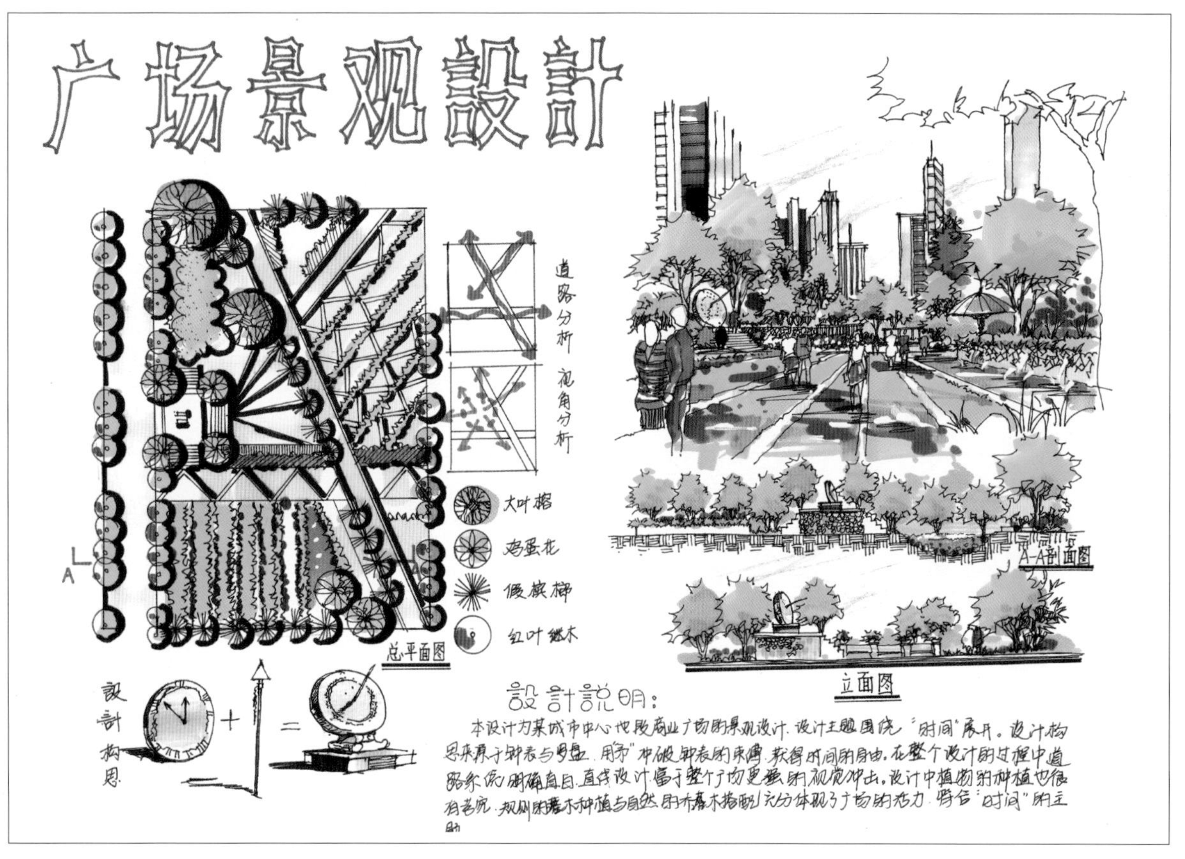
广场景观設計
道路分析
视角分析
大叶榕
鸡蛋花
假槟榔
红叶继木
总平面图
A-A剖面图
立面图
設計構思
設計說明:
本设计为某城市中心地段商业广场的景观设计. 设计主题围绕"时间"展开。设计构思来源于钟表与日晷. 用"冲破钟表的束缚. 获得时间的自由。在整个设计的过程中道路采用明确直白. 直线设计. 富于整个广场更强的视觉冲击。设计中植物的种植也很有考究. 规则的灌木种植与自然的乔灌木搭配. 充分体现了广场的活力. 呼应"时间"的主题

第五节 校园设计

一、基本概念

校园景观设计是指校园建筑景观及其外部景观的设计、优化与改善，包括新建教学楼或新校区的景观设计。

二、类型

按学校性质分：①大专院校校园景观设计；②中小学校校园景观设计；③幼托机构景观设计。

按校园景观功能类型分：①教学科研区景观规划；②学生生活区景观规划；③教职工住宅区景观规划；④校园道路景观设计。

三、设计原则

1. 生态可持续原则

校园景观塑造要遵循以下三个方面生态可持续原则：

（1）在植物的选择上，要尊重植物生长的特性，适地种树，选择观赏性高、生长良好的树种；

（2）要保留原有自然环境的生态性，对原生的自然环境的保留和保护应该引起重视，在校园绿地的保护方面，不仅要大力保护在校园中已经存在的绿地，还要在建设的过程中合理安排新的绿地面积，在保证绿化面积的基础上，优化植物配置，达到更好的绿化效果。

（3）要充分发掘校园的特质并在规划设计中以此作为构思的出发点和主线，形成校园景观个性。

2. 延续性原则

对于景观设计来说，景观的连续性要求设计中尊重校园历史文脉，从以前、现在到未来的学校发展定位角度思考设计的风格，特别是不同时期的建筑在同一时期内共存的情形下，需要把握完整的景观空间设计脉络，保持建筑的形式和风格的统一。

3. 以人为本原则

“人”是景观设计的主体，而“学生”又是校园景观设计的主体。不同阶段的学生对校园景观有不同的认知、需求，校园景观设计应能够满足“学生”这一群体不同阶段在身体、心理等各方面的需要，在设计时，主要从学生的特点和需求出发，研究他们的认知模式、行为模式，真正设计出合理的、适合于他们的校园环境。

4. 整体性原则

从整体上确立景观的特色是设计的基础。在景观设计中要协调各部分的关系，使整个校园环境成为一个有机的整体，去组织和充实空间中构成模式和景观特色，使校园空间与历史环境的整体结构、校园环境等方面达到整体统一。景观设计的主题和总体景观定位是一体化的，正是其确立的整体性原则决定了校园景观的特色，并有效保证了景观的自然属性和真实性，从而满足学生的心理寄托和感情归宿。

四、要点

1. 大专院校校园景观设计要点

教学科研区周围绿地要与建筑主体相协调，提供一个安静、优美、舒适、适宜活动的绿色空间，道路系统简洁明快，符合学生的学习生活要求，创造多种适合学生学习、生活的环境。校园主楼前景观规划应突出学校特色，适当运用校园雕塑。

2. 中小学校园景观设计要点

大门的入口是绿化的重点，可以通过设置广场、花坛、喷泉等反映独特的文化氛围；教学区的四周以形成安静、清洁、美观的绿化环境为前提，适当设置师生休息停留的空间；体育运动场地的周边以混交的密林为主，阻隔噪音的干扰，并通过高大的落叶乔木，形成夏季有浓荫、冬季有阳光的良好环境。

3. 幼托机构景观设计要点

主入口、主建筑前设置色彩鲜艳的基础栽植，起到美观、标志的作用；在活动场地的四周，以高大的落叶乔木为主，场地的铺装用柔性材料并使其平整，保证儿童游乐的安全性；

活动场地中间，用无害的绿篱分隔，避免不同年龄组的儿童之间相互影响；外围的绿带以乔、灌、草立体配植形成密林保证一定数量的常绿树，宽度在5～10m，起到防尘、隔音、减少交叉影响的作用。

五、细部设计

1. 水体

校园的水体具有与其他场所的水体不一样的作用，校园的溪流、池塘、湖泊等水体周围是学子们休闲、学习等的重要场所。瀑布、喷泉等水体对增加校园的活力，体现校园文化有积极的意义，特别在幼托校园景观中，能与儿童的好动、活泼的特性相统一。在校园景观水体的处理上，注意对水面边界、驳岸的处理，因为边界在很大程度上规定了水的平面形状，决定了人的活动与水产生联系时的“积极”或是“消极”的状态。一般来说，驳岸设计成缓坡状，易于使地面和水面形成良好的过渡。

2. 小品

雕塑、亭、椅、凳、灯具、花坛、景墙等小品同样可以运用到校园的景观设计当中。这些小品的应用，一方面要与校园的风格、文化相一致，尤其是雕塑，可与校园的历史、校训、校规等结合；另一方面要体现创新的精神，通过外形、色彩等的变化起到画龙点睛的作用。

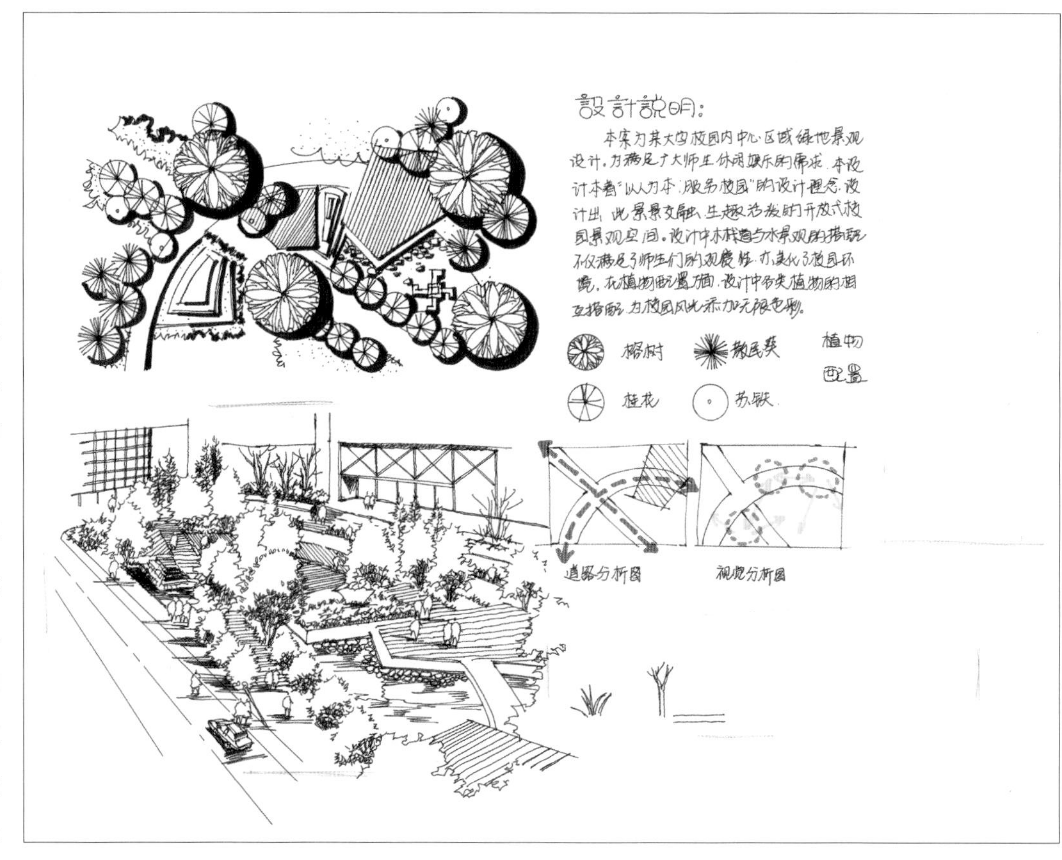

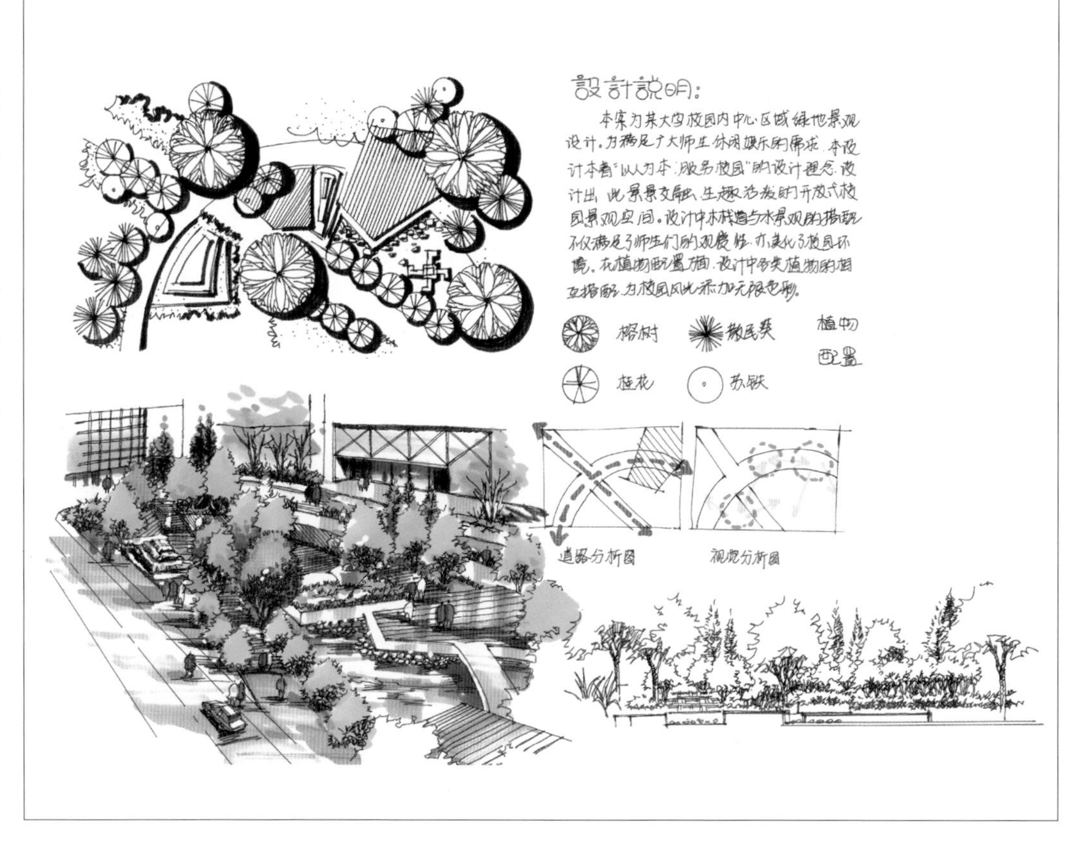

六、题例解析

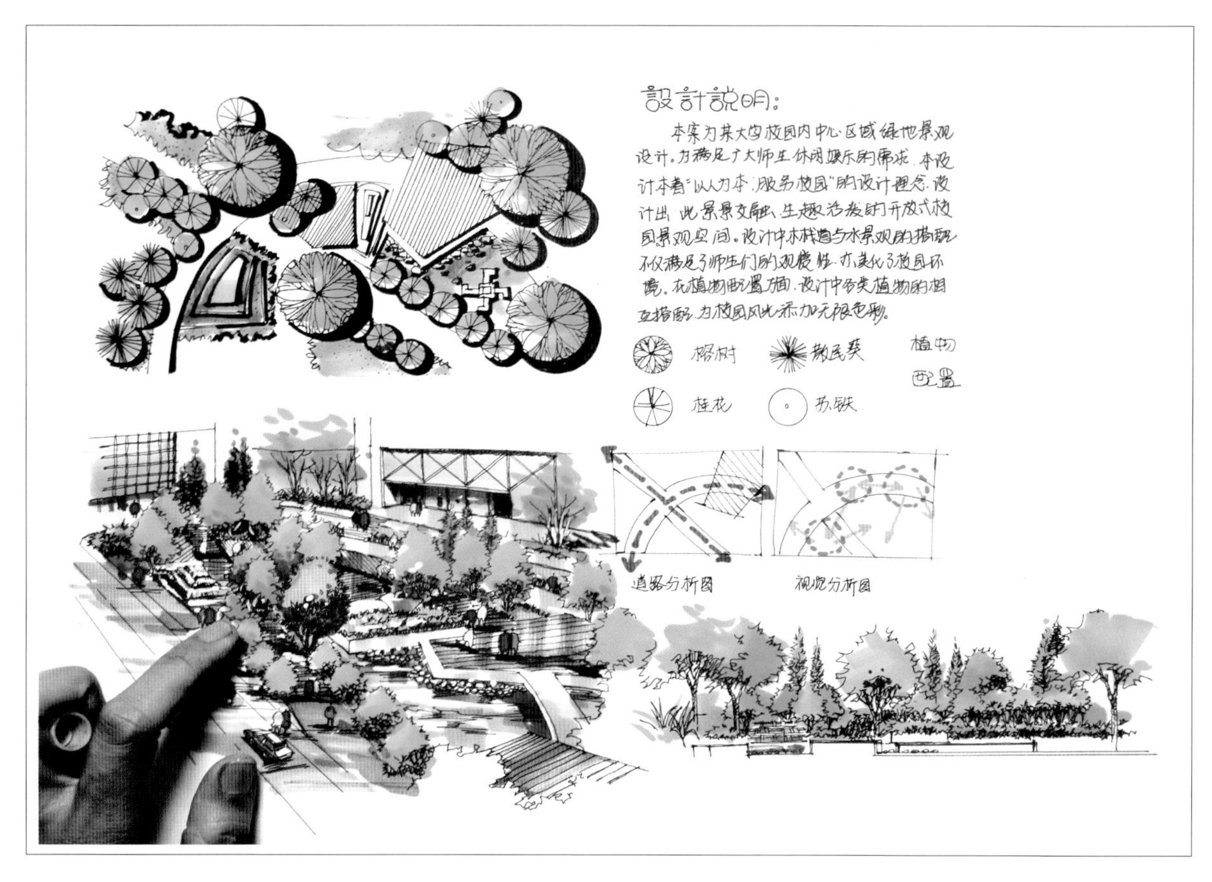
設計說明：
本案为某大学校园内中心区域绿地景观设计。力满足了大师生休闲娱乐的需求。本设计本着"以人为本，服务校园"的设计理念，设计出此景景致新、生趣活泼的开放式校园景观空间。设计中木栈道与水景观的搭配不仅满足了师生们的观赏性，亦美化了校园环境。在植物配置方面，设计中多类植物的相互搭配，为校园风光添加无限色彩。
榕树
散尾葵
植物配置
桂花
苏铁
道路分析图
视觉分析图

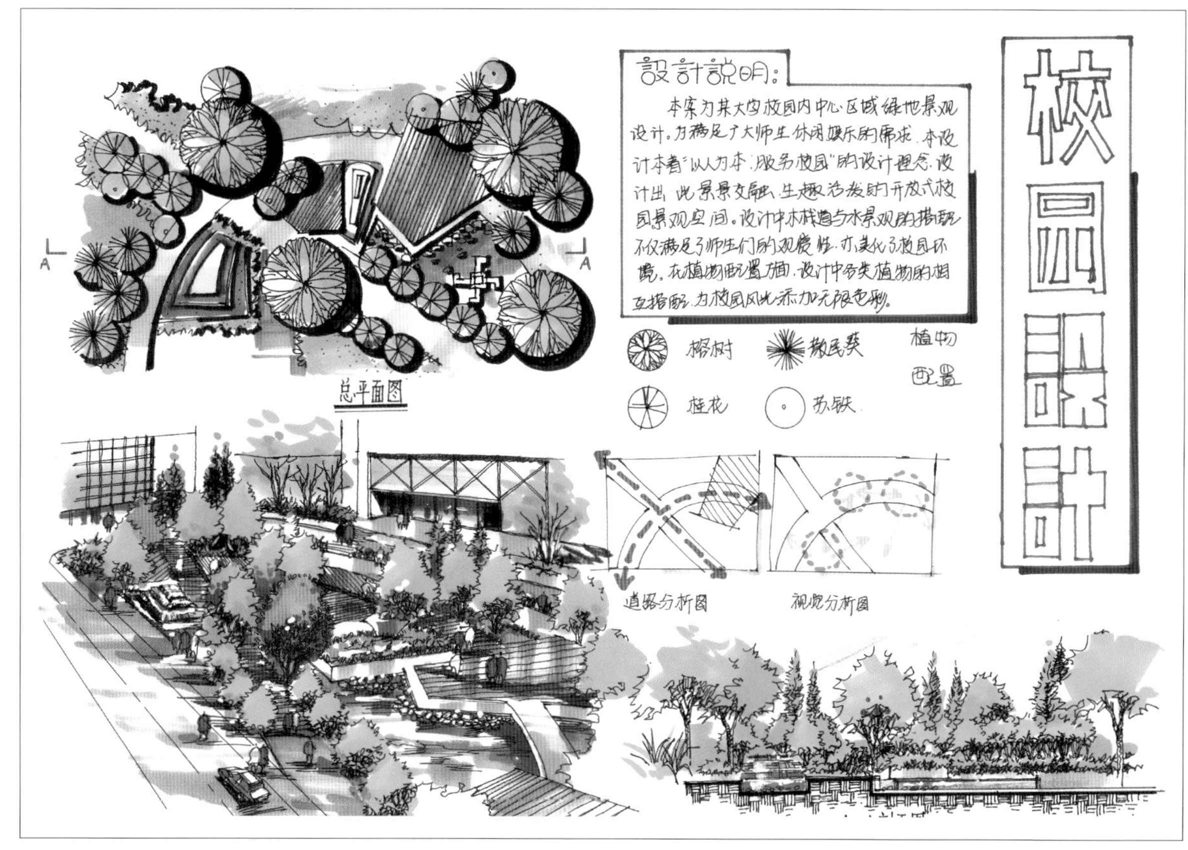
設計說明：
本案为某大学校园内中心区域绿地景观设计。力满足了大师生休闲娱乐的需求。本设计本着"以人为本，服务校园"的设计理念，设计出此景景致新、生趣活泼的开放式校园景观空间。设计中木栈道与水景观的搭配不仅满足了师生们的观赏性，亦美化了校园环境。在植物配置方面，设计中多类植物的相互搭配，为校园风光添加无限色彩。
校园设计
A
A
总平面图
榕树
散尾葵
植物配置
桂花
苏铁
道路分析图
视觉分析图

第六节　滨水设计

一、基本概念

滨水区是城市中一个特定的空间地段，系指与河流、湖泊、海洋毗邻的土地或建筑，亦即城镇邻近水体的部分。即城市中陆域与水域接壤的区域，由水域、水际线和陆域三部分景观构成，是自然系统和人工建设系统相互交融的城市公共开敞空间。

二、设计原则

1．保护自然和人文景观的原则

滨水区的水域和陆域环境构成了完整的滨水生态系统，对于维持地区生物多样性具有其他地方无法替代的作用。任何特定地域的滨水区都有与其他区域景观不同的个体特征，作为设计者应充分利用和强化滨水区所在地域的区域环境特征，根据当地的历史和文脉进行富有特色的景观设计而进一步凸显其可识别性。从国外滨水区开发的经验看，要想使滨水区开发成功，治理水体、改善水质、美化环境是滨水区开发成功的基本保证。要尽量避免因不适当的开发建设而对滨水资源造成破坏，为此要采取各种手段对这些区域的开发利用进行严格监控和引导，保护滨水区的生态环境，使其可持续发展。

2．整体性和综合性原则

滨水区是有清晰的领域边界和空间规模的区域。作为一个完整的区域，应从区域的整体角度出发，将改善水域生态环境、改进滨水区岸线可及性和亲水性，增加娱乐场所、提高滨水区土地利用价值等一系列问题综合考虑，而不是仅仅从一个角度出发，进行滨水设计。

3．以人为本和全民共享的原则

滨水区景观设计的目的之一是为民所享，“以人为本”始终是滨水景观设计的重要原则。全方位地提高滨水区的品质，最大限度地满足人们的亲水需求，留出可供公众通行的散步道和活动场所，做到滨水资源全民共享，对于促进区域的发展，提升城市形象也具有无可替代的作用。

三、要点

1．历史发展状况分析

通过收集滨水区所处地域的历史文化资料，了解滨水区的历史发展阶段以及每个阶段的定位、特征，从中汲取对滨水区规划有积极作用的成分，用于指导现状规划和定位。

2．设计现状分析

在对历史资料进行综合分析的基础上，对滨水区现状进行分析。主要包括三个方面：首先是对滨水区的自然环境状况进行分析，具体包括了水体特征、地貌、地形、植被等；其次是对滨水区的人工要素进行分析，主要有建筑、道路、景观小品等。最后，结合所在区域居民的生活习惯、文化习俗等进行综合分析。

3．总体规划设计定位

滨水区的总体规划设计定位首先要与城市总体规划相适应，将滨水区规划设计纳入城市总体规划的范畴，使滨水区不论在视觉上、色彩上还是在功能上都与城市总体相适应，同时结合历史发展状况，明确该滨水区景观设计的类型是生态保护型、历史复兴型还是综合利用型。

4．体现地方特色

滨水区设计要体现地方的自然特色和人文特色。自然特色主要体现在滨水景观的空间形态具有不同的类型，主要分为：线状、环状和网状三种类型。应根据不同的类型，设计出具有特色的滨水区。如：线状滨水空间形态主要为狭长形滨水景观空间，可设计多个进出口，为游人提供更多的进入机会；环状滨水空间形态是指围绕湖泊、块状水体或人工水面形成的景观空间，可容纳较多的人流和易于展开游憩活动，可较密集布置设施；网状滨水空间形态是指纵横交错的水域和陆域相互穿插形成的景观空间形态，网状滨水景观空间形态兼有线状和环状的特点，在设计上具有较大的灵活性。人文特色主要结合当地的历史文化、风俗习惯，将当地的特色巧妙地融入到滨水区设计当中。

四、细部设计

1．绿化配置

滨水区的绿化配置不同于庭院、广场的绿化配置，在树种的选择上，要注意选用耐水植物和水生植物。如采用香蒲、菖蒲、萍蓬草、泽泻、睡莲等植物。还可以考虑使用抗风性强的植物，如水杉、池杉、落羽杉、垂柳等。在绿化的搭配上，应体现地被、花草、低矮灌丛和高大乔木的配合，将速生树种和长寿树种，乡土树种和引进树种结合，表现出四季色彩的变化。

2．交通系统组织

滨水区道路交通体系组织主要有三个层面，首先是外部交通组织，注重充分利用外部道路和城市交通体系，鼓励到达滨水景观区的公共交通和立体化交通方式，合理设置公共停车场、公交站点和景区入口，提高公共交通的可达性。其次是滨水区内部交通组织，综合考虑内部交通的功能和等级体系，合理组织各个功能片区的交通衔接，保证游憩活动的完整性和连续性。第三，根据滨水地段形态特性，建立景观步行交通体系，如亲水散步道、汀步、栈道、台阶登道等。

3．照明

滨水区景观照明是采用照明技术来装饰和强化景观效果的一种行之有效的方法，多用于大型滨水公共建筑、纪念性建筑景观、水面及水下、滨水大道与涉水步道、滨水绿化景观、景观雕塑和喷泉池等环境。滨水景观照明对于提高滨水区的景观效果，尤其是夜景效果有无法替代的作用。滨水景观照明的设计取决于受照对象的质地、形象、体量、尺度、色彩和所要求的照明效果，还有观看地点以及与周围环境的关系等因素。照明手法一般包括光的隐现、抑扬、韵律等。在各种照明中，泛光灯具的数量、位置和投射角是关键问题。

4．护岸

护岸是指用于保护河岸和河堤免受河水冲刷作用的构筑物，是维护滨水生态环境和构建亲水安全空间的重要措施。护岸的平面形态的设计可以丰富水体边界形态，增加亲水性。在设计时，避免将护岸设为平直，力求曲折，且在节点处可设计小景。护岸的断面形态可以分为自然生态型和人工自然型两种，两种类型的护岸可以结合亲水平台、码头、植物绿化和相关设施构成景观丰富的护岸亲水活动空间。

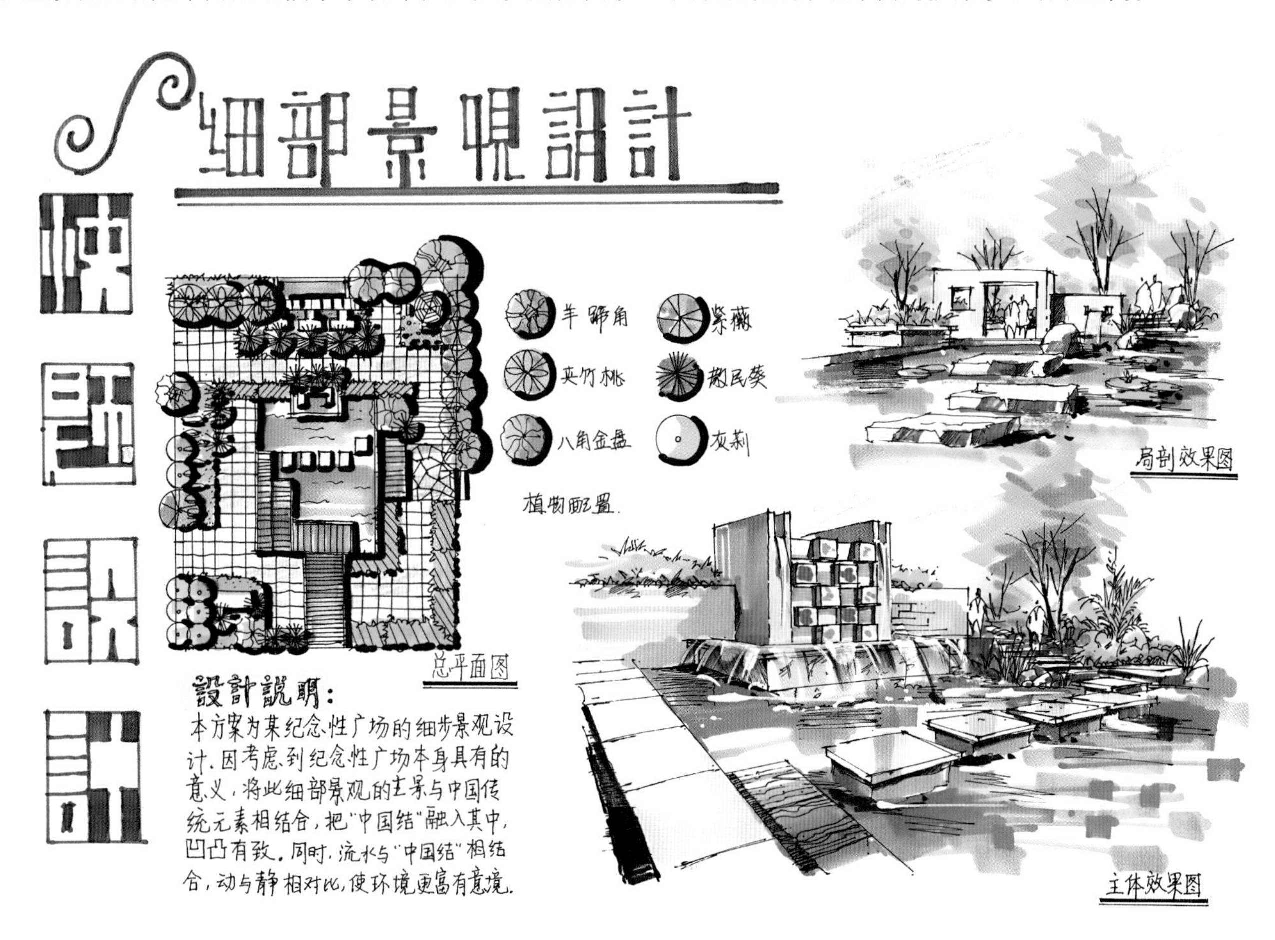

五、题例解析

小叶女贞
马尾松
紫薇
泡桐
设计说明：
本设计为某城市沿滨景观绿地设计，设计中以水景观为主，配合周围商用地的休闲空间，布置戏水台、木栈道、廊桥等构筑物与植物相呼应，设计中运用多种水生植物造景，体现自然生态。在结构上，用实轴和虚轴的处理方法，形成良好的交通与观景视线。

小叶女贞
马尾松
紫薇
梧桐
设计说明：
本设计为某城市沿滨景观绿地设计，设计中以水景观为主，配合周围商用地的休闲空间，布置戏水台、木栈道、廊桥等构筑物与植物相呼应，设计中运用多种水生植物造景，体现自然生态。在结构上，用实轴和虚轴的处理方法，形成良好的交通与观景视线。

滨水景观設計
小叶女贞
马尾松
紫薇
梧桐
设计说明：
本设计为某城市沿滨景观绿地设计，设计中以水景观为主，配合周围商用地的休闲空间，布置戏水台、木栈道、廊桥等构筑物与植物相呼应，设计中运用多种水生植物造景，体现自然生态。在结构上，用实轴和虚轴的处理方法，形成良好的交通与观景视线。
总平面图
A-A剖面图

第五章　考试题型

第一节　历年考题

1．北京林业大学2010年硕士研究生入学考试试题

题目：印象　空间　体验——展览花园设计

位置：2010年中国国际园艺花卉博览会将在中国某城市约70hm²的岛上举办，国内外各地的展览花园是这届博览会最重要的组成部分。位于岛中部面积约3700m²的地块是考生设计展览花园的位置。

要求：考生设计的位于这块3700m²的地块的小花园是考生所在城市为这届园艺花卉博览会建造的展览花园，花园要有以下三方面的考虑：

（1）反映人们对考生所在城市的印象，但这种印象不能通过考生所在城市的微缩景物来达到。

（2）设计一个简明但空间变化丰富的花园。

（3）设计一个让人们去体验的花园。

成果要求：

（1）平面图（1：300，表现形式不限，植物只表达类型，不标种类）

（2）剖面图（1：300，1张，表现形式不限）

（3）鸟瞰图（1张，表现形式不限）

图纸要求：以上所有成果都画在若干张A3（420mmx297mm）白色的复印纸上。

考试时间：3小时

2．某海滨城市“水文化景观广场”

时间：6小时

设计要求：该规划设计用地环境紧临海河，并以“水”文化内容作为设计主题．在广场中要求设计出一个标志性雕塑。

地形条件：位于两条30m宽的道路节点处，面积为：120mx150m，应结合景观整体进行设计。

具体要求：

（1）总平面图比例1：200—1：500

（2）雕塑大样立面比例1：50—1：150

（3）透视图根据设计内容的需要可表现整体效果或表现出不同局部的透视。

（4）要求写出设计说明。

评分标准：（总分300分）

（1）创意准确体现出“水”文化内容，并有机地结合原有保留建筑进行整体规划设计。（120分）

（2）图示语言表达正确，图面表现技法娴熟，构图具有形式美感。（150分）

（3）设计说明表达简洁，条理清晰，字体规范。（30分）

3．山东建筑大学2011年硕士研究生入学考试初试试题

概念设计题（共150分）

某居住区内，拟建一个4hm²左右（场地为长方形，长宽比为4：3）的公园，请从建设生态、文化、人性、和谐公园为出发点，作出该居住区公园的总体规划与设计。

设计要求：方案具备四大造园基本要素，可行性强。

（1）图面表达正确、清楚，符合园林制图规范；

（2）各种园林要素或素材表现恰当；

（3）考虑园林功能与环境的要求，做到功能合理；

（4）科学性与艺术性并重原则；

（5）比例尺自定。

设计内容：

（1）设计方案说明书；

（2）总平面设计；

（3）功能分区；

（4）局部透视鸟瞰图；

（5）道路交通分析；

（6）竖向设计（重要节点的标高设计）。

设计图纸包括：

设计说明

总平面图（1：400或比例自定）

立面图（可表现亲水堤岸处理也可表现其他部位，比例自定）

表现图（表现方式不限）

（注：平面图、立面图要标注主要尺寸，图纸为2号，

420mmx594mm绘图纸）

评分标准：

准确表达出具体环境设计的主题思想。（60分）

图示语言表达正确。（45分）

表现技法熟练程度。（45分）

4．以“时间”概念为题，设计一社区中心广场

设计条件：广场尺寸为80mx80m，自定城市类型，地形平坦，社区交通方式及周边环境自拟。

设计要求：

（1）主题广场方案一套，包括平面图、剖面图、立画图，比例自定，表现形式自定。另外，注意对景观节点、景观轴点的表现。

（2）图文并茂，系统地说明设计思想（不少于400字）

（3）完成广场的景观彩色效果图（表现形式自拟）

（4）A2幅的2张，注意版面的效果。

5．户外景观环境设计

题目：以“坐”为主题，作某一城市步行街的户外休息场地的设计。

设计条件：此场地位于步行街的街面中间，设计范围为6mx20m大小的矩形，其中长边两侧为步行街的主要人流方向，短边两端为沟通步行街两侧商铺的联系通道。步行街两侧商铺为3～4层的建筑物。

设计要求：试根据以上条件进行设计。

图纸要求：

（1）平面布置图（须画出户外设施，地面铺装、绿化等），比例1：100（40分）

（2）两个方向的剖面图（须画出户外设施、绿化、标高变化等），比例1：100（40分）

（3）能基本反映该设计整体面貌的彩色透视效果图（须表示出四周的多层住宅建筑，表现手法不限）（50分）

（4）以3个关键词并结合简要文字的表达方式，说明该设计方案的构思（10分）

6．四川大学2005年研究生入学考试试题

题目：城市小游园景观空间设计（时间：6小时）

设计内容：以市区或居住区小游园景观为题设计，其内容包括活动区域、休息区域、主景设置（雕塑、水体、植物均可，其中雕塑可用符号表示出位置）、小品设置、绿化植物设置，所设计的环境地形自拟。快速设计方案一套，要求如下：

（1）图幅包括总平面置图1幅，主景和所配小品设施的平面、立面、侧面、剖面以及相关的局部结构构造图不少于10幅；

（2）作设计方案快速透视或轴测空间效果彩图一个图幅；

（3）方案须配以简短的方案设计说明书一份。

图幅规格：

（1）试卷按四开幅大小绘制；

（2）整套方案各图幅与设计文字方案均排列布置于该试卷中。

设计要点：

（1）该设计方案以快速方案表现形式绘制；

（2）功能明确、布局合理、标注规范、数据清楚，构图完整、表现得当。

7．题目：某居住小区会所与空间景观规划设计

设计要求：某居住小区会所与空间空地拟进行环境景观规划设计，东部是水面，西侧围墙外是废品收购站，用地尺寸84mx106m。

要求如下：

（1）功能与结构分区：

（2）总平面图；

（3）轴线与景观节点及空间分析若干；

（4）主要景点透视图若干；

（5）设计说明要点（含植物配植内容）；

（6）比例自定，表现手法不限；

（7）统一为A2图纸，注意版面效果，不少于2张。

8．武汉理工大学2008年环艺研究生入学考试试题

题目：南方某沿海旅游小镇小型广场及主题性雕塑设计

设计条件：50mx40m的平整型地貌的小型广场

设计要求：

(1) 设计应该满足旅游群体对小型广场的功能性需求;

(2) 对设计所处物理环境和人文环境进行分析，从而拟定设计目标;

(3) 景观雕塑应该体现南方的地域文化特征;

(4) 画出设计的总平面图、主要立面图及三个以上的构思草图，并附以设计说明;

(5) 画出设计的色彩效果图。(手法不限)

评分标准：总分150分

(1) 总平面的功能分析。(35分)

(2) 创作构思及相关基础知识。(65分)

(3) 设计表达。(50分)

9. 南京农业大学2010年园林规划设计考研试题

题目：某高校庭园绿地设计。设计场地如下面所给平面图，图中打斜线部分为设计场地，总面积约6360m²(包括部分道路铺装)，标注尺寸单位为米。设计场地现状地势平坦，土壤中性，土质良好。

设计要求:

请根据所给设计场地的环境位置和面积规模，完成方案设计任务，要求具有休憩功能。具体内容包括：场地分析、空间布局、竖向设计、种植设计、主要景观小品设计、道路与铺地设计以及简要的文字说明(文字内容包括场地概况、总体设计构思、布局特点、景观特色、主要材料应用等)。设计场地所处的城市或地区大环境由考生自定，并在文字说明中加以交代。设计表现方法不限。

图纸内容:

平面图(标注主要景观小品、植物、场地等名称)、主要立面图、剖面图、整体鸟瞰图或局部主要景观空间透视效果图(不少于3个)。A2图纸。

10. 武汉理工大学2009年环艺研究生入学考试试题

题目：婚庆庆典广场设计

答题要求:

(1) 设计要求：设计一个500mx500m的婚庆庆典广场，其中包括主题雕塑、景观墙和绿化配置等;

(2) 设计内容：平面图、立面图、植物配置图、彩色效果图、设计说明;

(3) 设计风格：风格不限、表现技法不限;

(4) 评分标准：彩色效果图占40%，平立面、植物配置图和设计说明共占30%，设计创意占30%。

11. 沈阳农业大学2010年硕士生复试试题

题目：广场景观方案设计

项目简介及设计要求:

东北某城市中心区的一办公楼前原是三角绿地，因现需要将其投资改造成一个休闲广场，要求至少设计三处出入口。设计应本着经济实用，美观大方，特色突出，并能够充分体现时代气息的原则，请你结合现有环境条件，各种功能需求完成设计。

图纸要求:

(1) 场地现状分析图(20%)

(2) 功能分区图(10%)

(3) 总平面图(30%)

(4) 鸟瞰图或透视图(20%)

(5) 设计说明300～500字，并附有主要植物名称(20%)

12. 沈阳大学2010年农业硕士研究生复试试题

科目名称：园林快速设计试题

题目：公园景观方案设计

项目简介及设计要求:

场地位于辽宁盘锦，其北侧与西侧为城市主干道，东侧环抱一处居住小区，南侧为度假城，为了更好地服务于附近居民，拟将该场地建成一个集休闲、观赏、娱乐于一体的综合性公园。设计应遵循以人为本、美观大方、特色突出的原则，并结合各种功能的需求，完成方案设计，另外根据设计的需要考生可以考虑场地内原有三处废弃建筑物的使用。

图纸要求:

(1) 场地现状分析图(20%)

(2) 功能分区图(10%)

(3) 总平面图(30%)

(4) 鸟瞰图或透视图(20%)

（5）设计说明300～500字，并附有主要植物名称（20%）

13．沈阳农业大学2011年硕士研究生复试试题

科目名称：园林快速设计试题　时间：3小时　图纸：1号图纸

项目简介及设计要求：

设计场地位于辽宁西北部某城市的商业区，道路两侧为商业网点。要求道路绿地除了能够满足庇荫、改善环境等基本功能外，还能满足行人的穿行与短暂休憩。设计应本着经济实用，简洁大方，特色突出，并能够充分体现时代气息的原则。请你结合现有环境条件，各种功能需求完成设计。

图纸要求：

（1）场地现状分析图（20%）

（2）功能分区图（10%）

（3）总平面图（30%）

（4）鸟瞰图或透视图（20%）

（5）设计说明300～500字，并附有主要植物名称（20%）

注：图中“一”围合范围为设计范圈

14．艺术教育培训考研班快题设计试题

题目：以“和”为主题的校园广场景观设计

设计内容：以某校园的一块场地为对象作景观设计，为在校师生提供一处休憩、交流、互动，并可举行小型聚会的场所。

场地条件：位于校园的教学楼前部，以及主干道一侧，呈半包围状。

设计要求：体现校园环境精神，功能安排合理，空间组织灵活，形式手法多样，材料运用得当。

图纸要求：

（1）平面图一张，比例1：100（35分）

（2）主要立面图一张，比例1：100（35分）

（3）空间效果图一张，表现手法不限（50分）

（4）以文字、图解方式说明设计意图，文字不低于200字，图纸2～3幅（30分）

15．清华大学2009年环艺设计专业考研试题

题目：中国某城市广场设计（时间：6小时）

设计条件：

（1）广场实际尺寸为100m×100m

（2）城市类型自定

（3）地形为平坦

（4）地段交通及周边环境自拟

设计要求：

（1）根据提供的条件进行广场创意设计方案一套，包括平、立面和剖面设计，表现形式自定。

（2）运用图文并茂的形式，系统地说明设计意图（不少于400字，以上内容画在一张4开试卷上）。

（3）完成广场主要景观形态的表现（表现形式自定），及其设施设计两套，每套不少于四个类型，类型自定，速写形式表现（画在另一张4开试卷上）。

（4）比例自定。

评分标准：

（1）广场创意设计平立剖面。（45分）

（2）广场主要景观和广场设施设计表现。（30分）

（3）运用图文并茂的方式，系统地说明其创意设计。（20分）

（4）卷面版式安排合理。（5分）

第二节　赏析

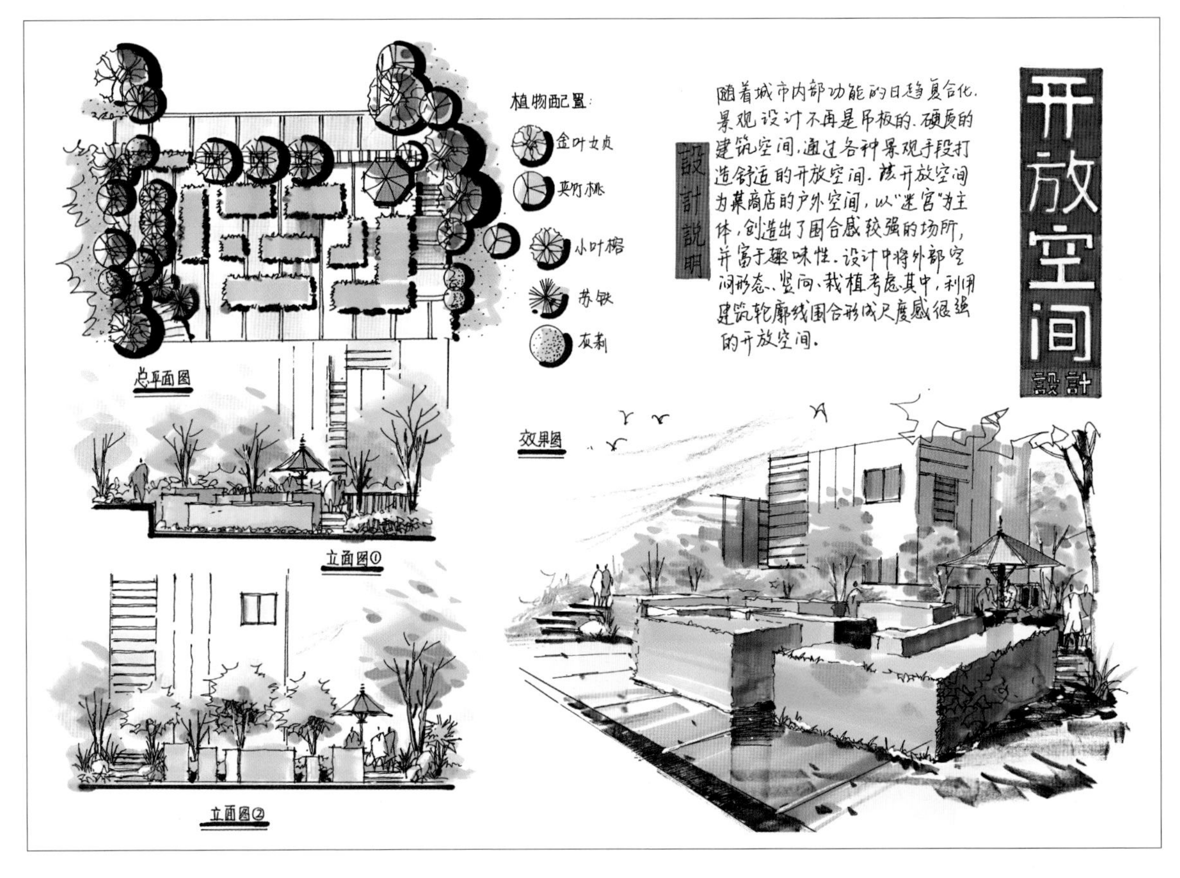

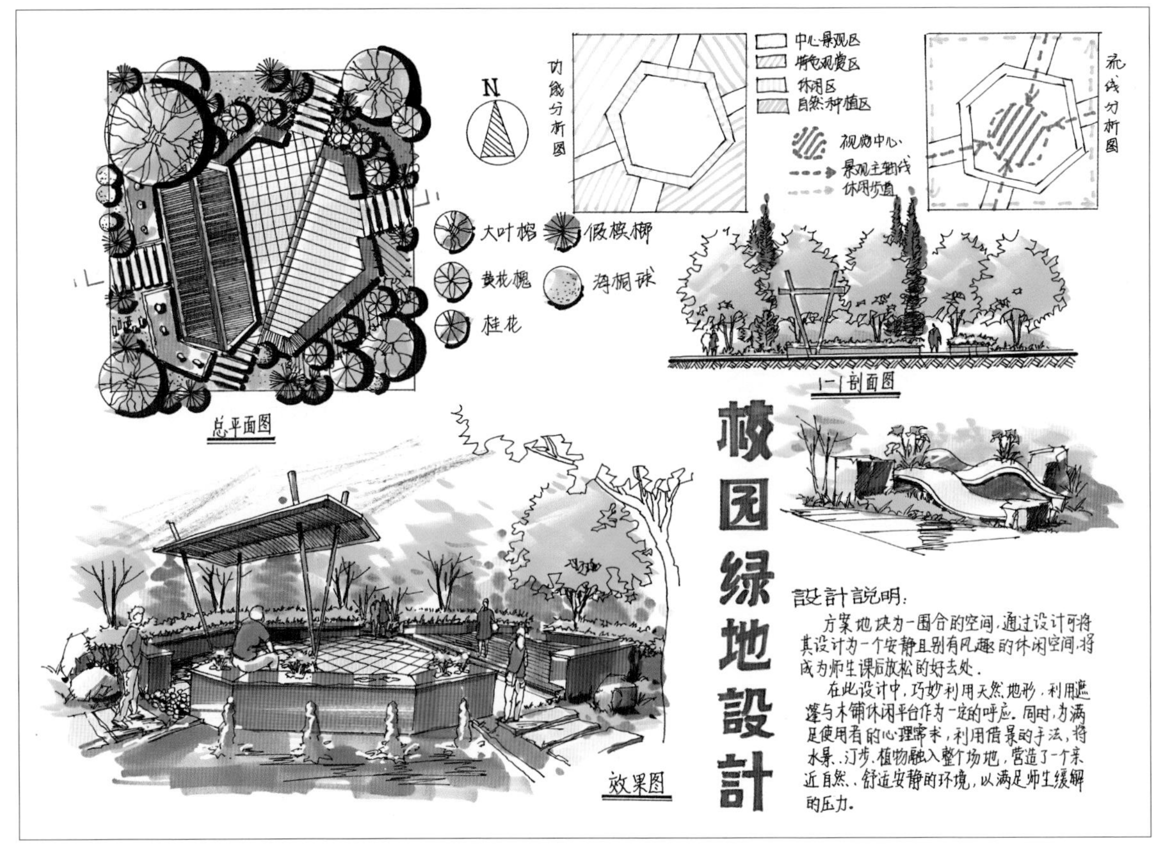

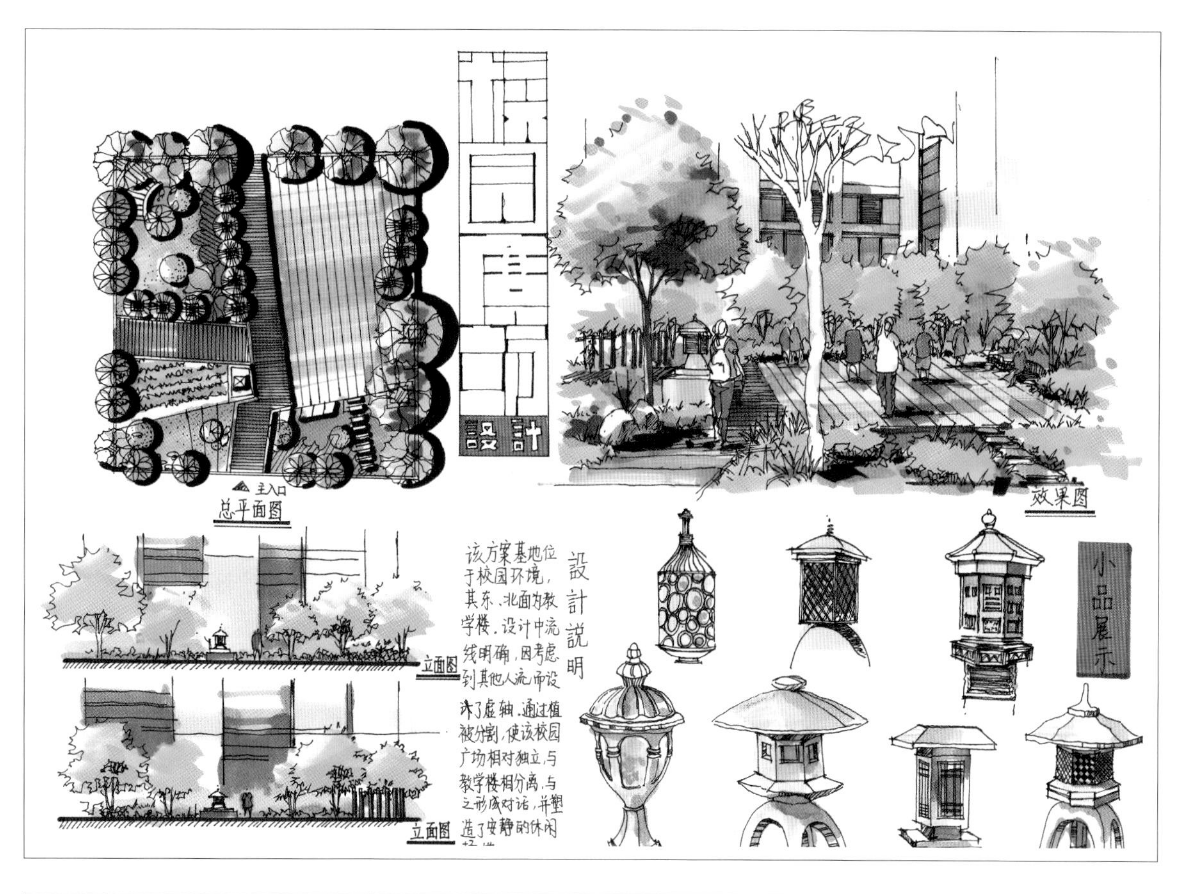
設計
主入口
总平面图
效果图
立面图
立面图
設計說明
该方案基地位于校园环境，其东、北面为教学楼。设计中流线明确，因考虑到其他人流而设计了虚轴，通过植被分割，使该校园广场相对独立，与教学楼相分离，与之形成对话，并塑造了安静的休闲环境。
小品展示

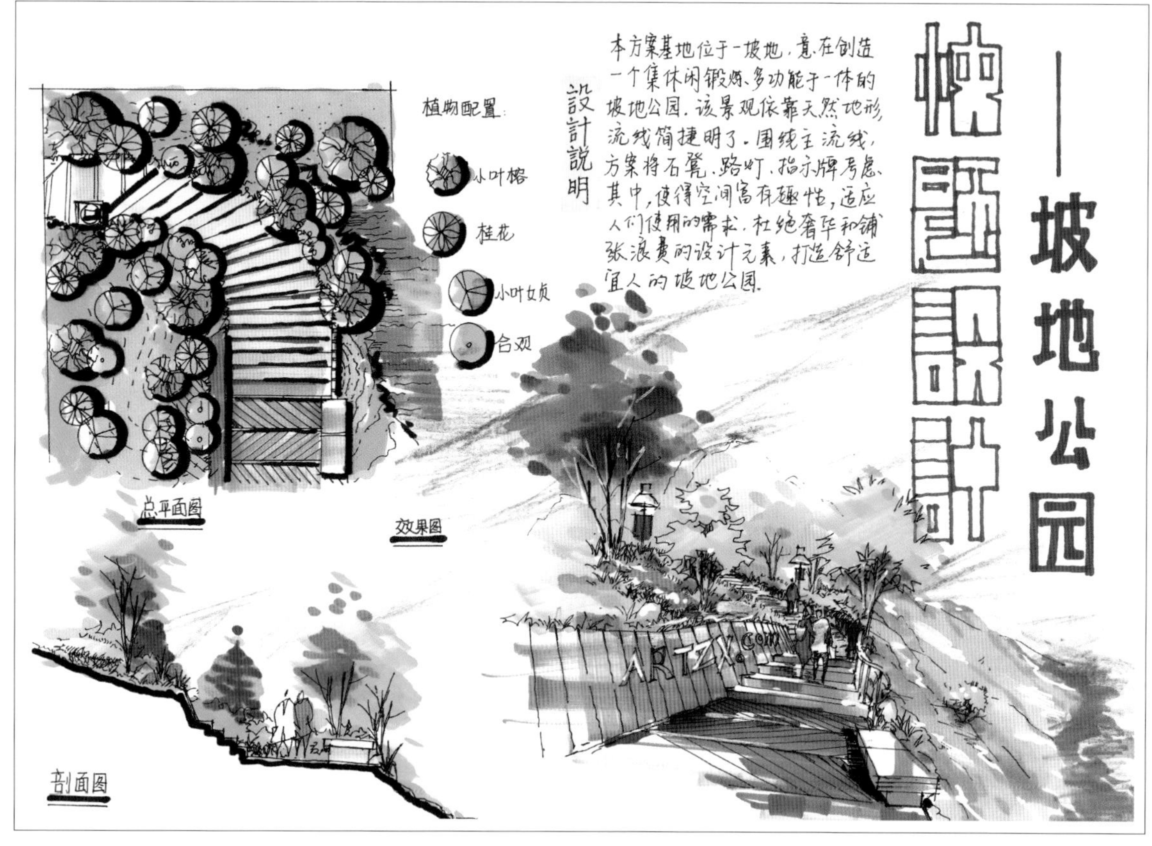
坡地公园
設計說明
本方案基地位于一坡地，意在创造一个集休闲锻炼、多功能于一体的坡地公园。该景观依靠天然地形，流线简捷明了。围绕主流线，方案将石凳、路灯、指示牌考虑其中，使得空间富有趣味性，适应人们使用的需求，杜绝奢华和铺张浪费的设计元素，打造舒适宜人的坡地公园。
植物配置：
小叶榕
桂花
小叶女贞
合欢
总平面图
效果图
剖面图

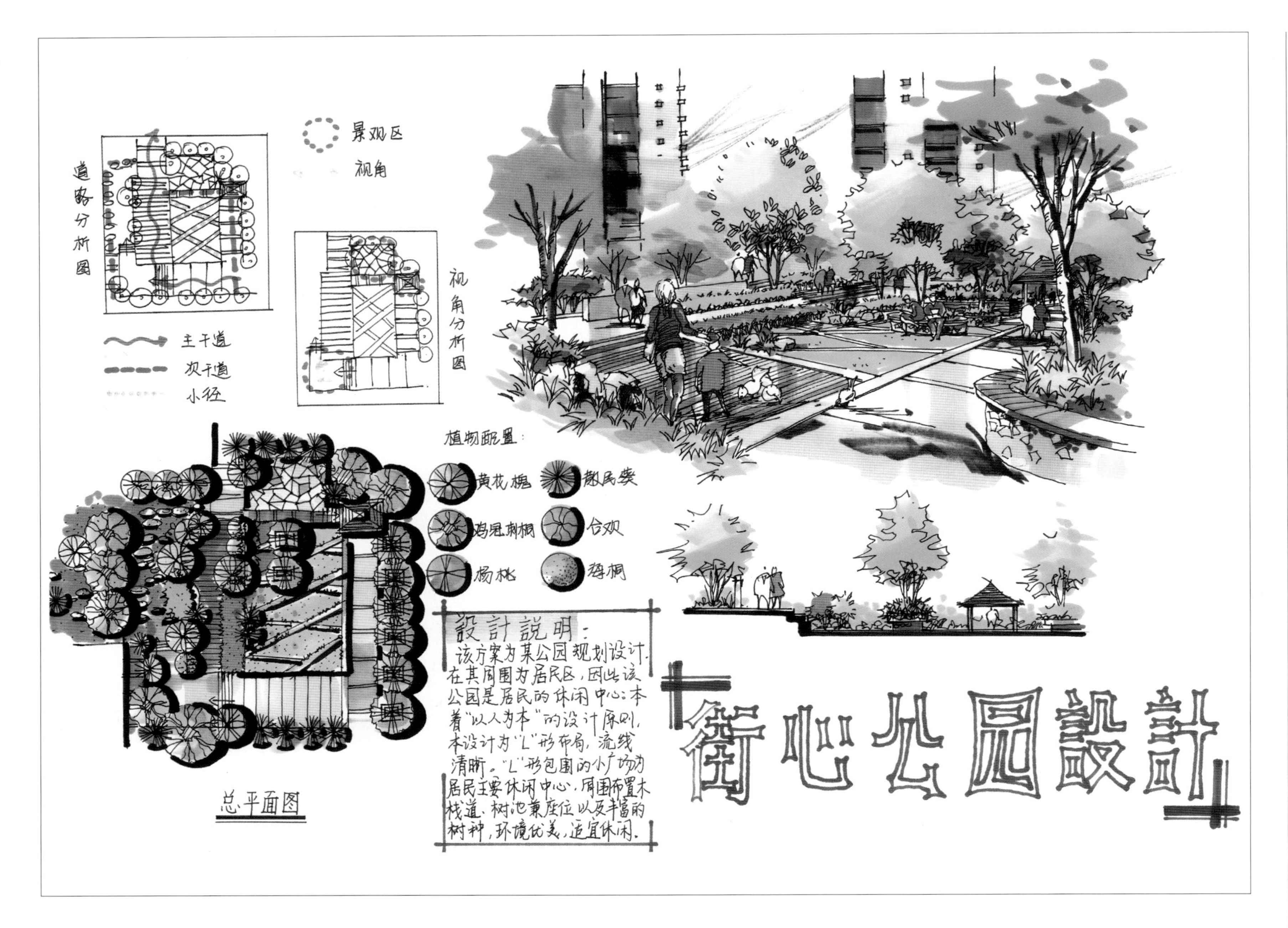
街心公园設計
設計説明：
该方案为某公园规划设计.在其周围为居民区，因此该公园是居民的休闲中心;本着"以人为本"的设计原则，本设计为"L"形布局，流线清晰。"L"形包围的小广场为居民主要休闲中心，周围布置木栈道、树池兼座位以及丰富的树种，环境优美，适宜休闲。
总平面图
植物配置：
黄花槐
紫凤葵
鸡冠刺桐
合欢
杨桃
海桐
景观区
视角
视角分析图
道路分析图
主干道
次干道
小径

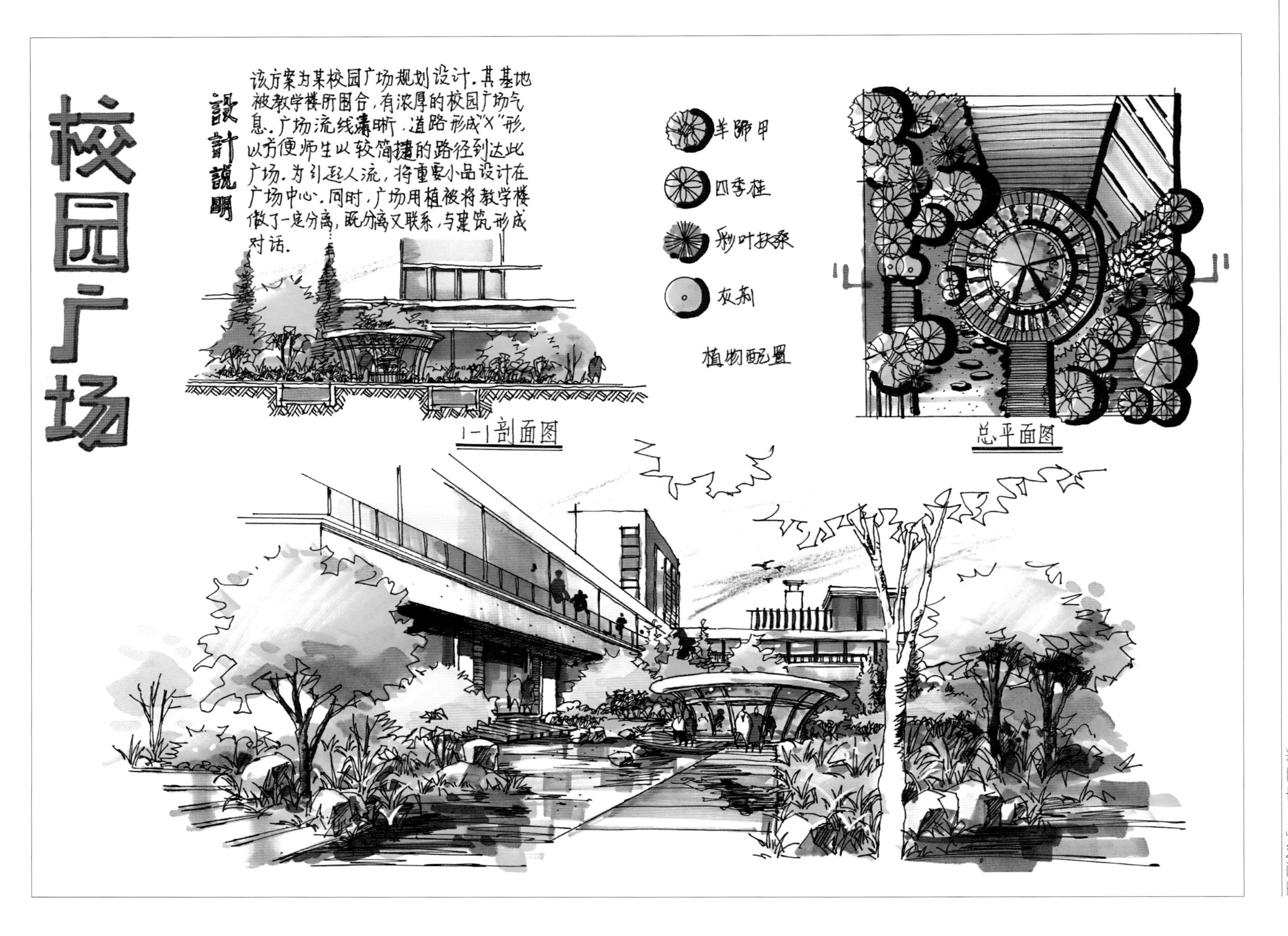
校园广场
設計說明
该方案为某校园广场规划设计.其基地被教学楼所围合,有浓厚的校园广场气息.广场流线清晰,道路形成"X"形,以方便师生以较简捷的路径到达此广场.为引起人流,将重要小品设计在广场中心.同时,广场用植被将教学楼做了一定分离,既分离又联系,与建筑形成对话.
羊蹄甲
四季桂
彩叶扶桑
灰莉
植物配置
1-1剖面图
总平面图

休闲广场設計
設計說明
本方案为某广场的景观规划设计，意在创造一个集休闲、娱乐、观赏等多功能为一体的广场空间。入口用圆形地砖引导人流，广场的入口环境用绿化隔离，将树池与休闲相结合。广场结尾以木栈道和流水收尾，用曲折的岸线丰富了空间变化，增添了趣味性。整个空间有头有尾，干净简洁，环境清新怡人，是休闲的好去处。
水景区
中心景观区
休闲广场区
景观区
视角流线
功能分区图
视角分析图
柳叶垂榕
鸡蛋花
大叶榕
假槟榔
植物配置
立面图

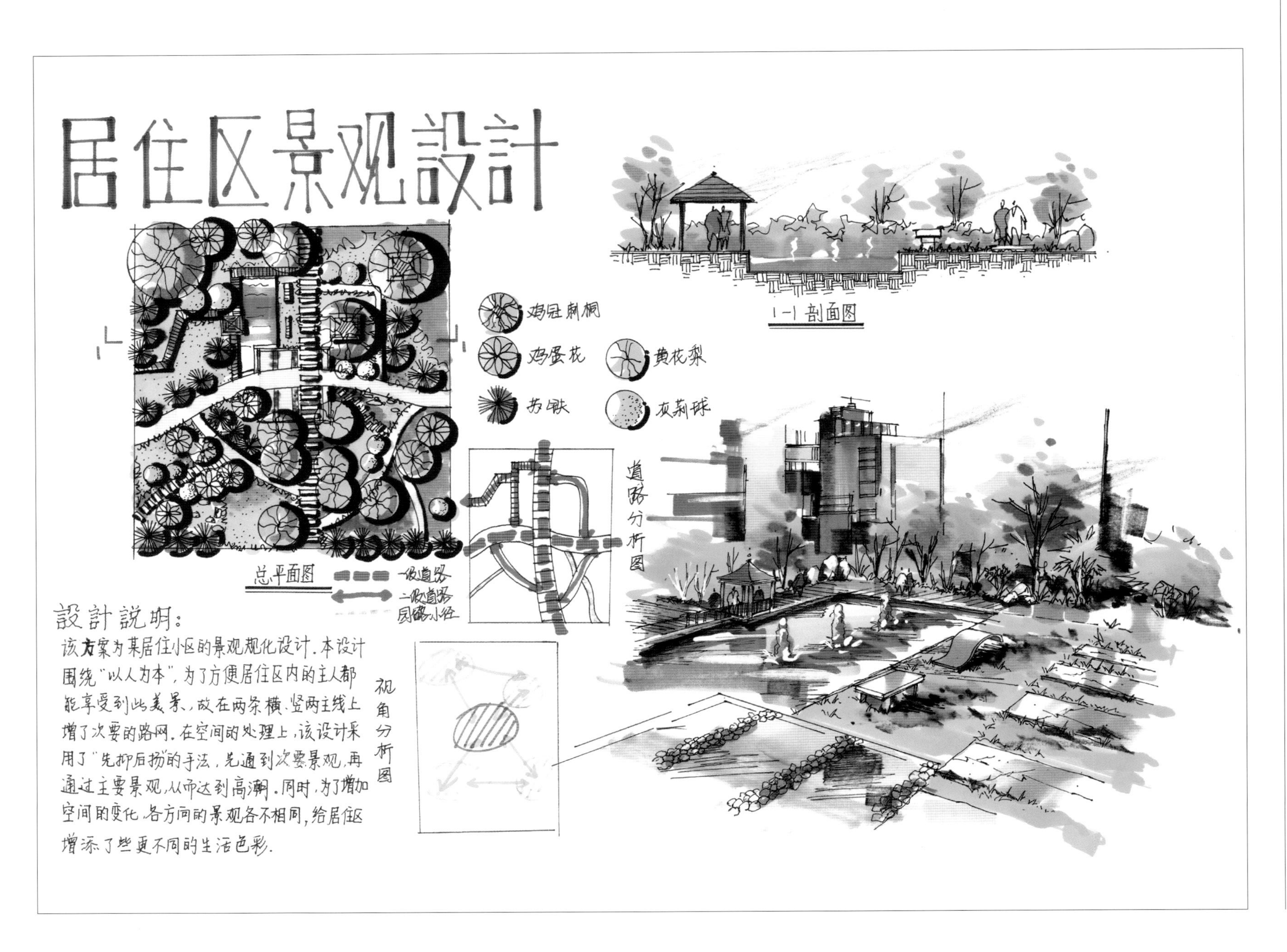

居住区景观設計
鸡冠刺桐
鸡蛋花
苏铁
黄花梨
灰莉球
1-1剖面图
道路分析图
总平面图
一级道路
二级道路
园路小径
设計説明：
该方案为某居住小区的景观规化设计.本设计围绕“以人为本”,为了方便居住区内的主人都能享受到此美景,故在两条横、竖两主线上增了次要的路网.在空间的处理上,该设计采用了“先抑后扬”的手法,先通到次要景观,再通过主要景观,从而达到高潮.同时,为了增加空间的变化,各方向的景观各不相同,给居住区增添了些更不同的生活色彩.
视角分析图

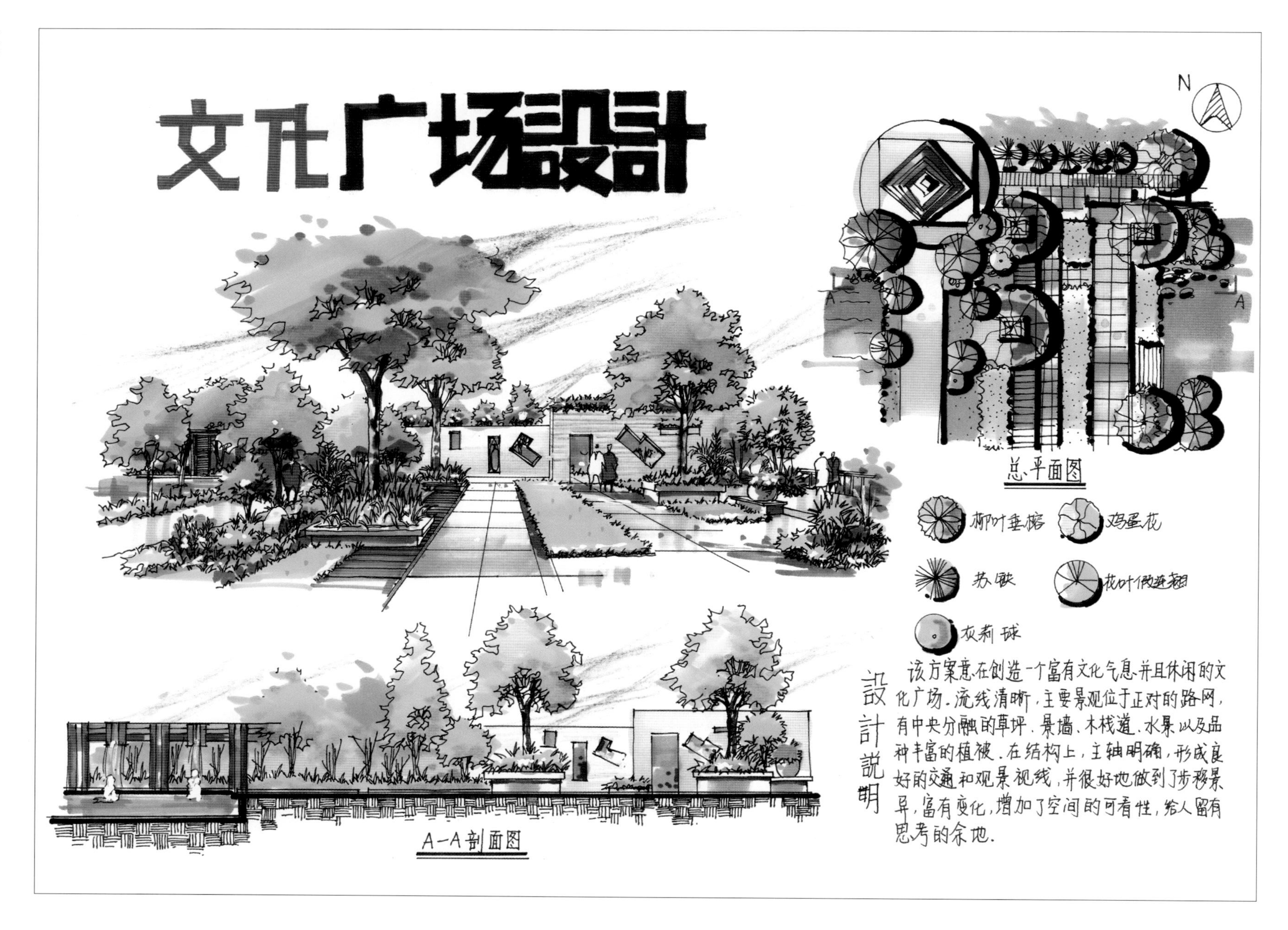

文化广场設計
N
A
A
总平面图
柳叶垂榕
鸡蛋花
苏铁
花叶假连翘
灰莉球
設計説明
该方案意在创造一个富有文化气息并且休闲的文化广场。流线清晰，主要景观位于正对的路网，有中央分融的草坪、景墙、木栈道、水景以及品种丰富的植被。在结构上，主轴明确，形成良好的交通和观景视线，并很好地做到了步移景异，富有变化，增加了空间的可看性，给人留有思考的余地。
A-A剖面图

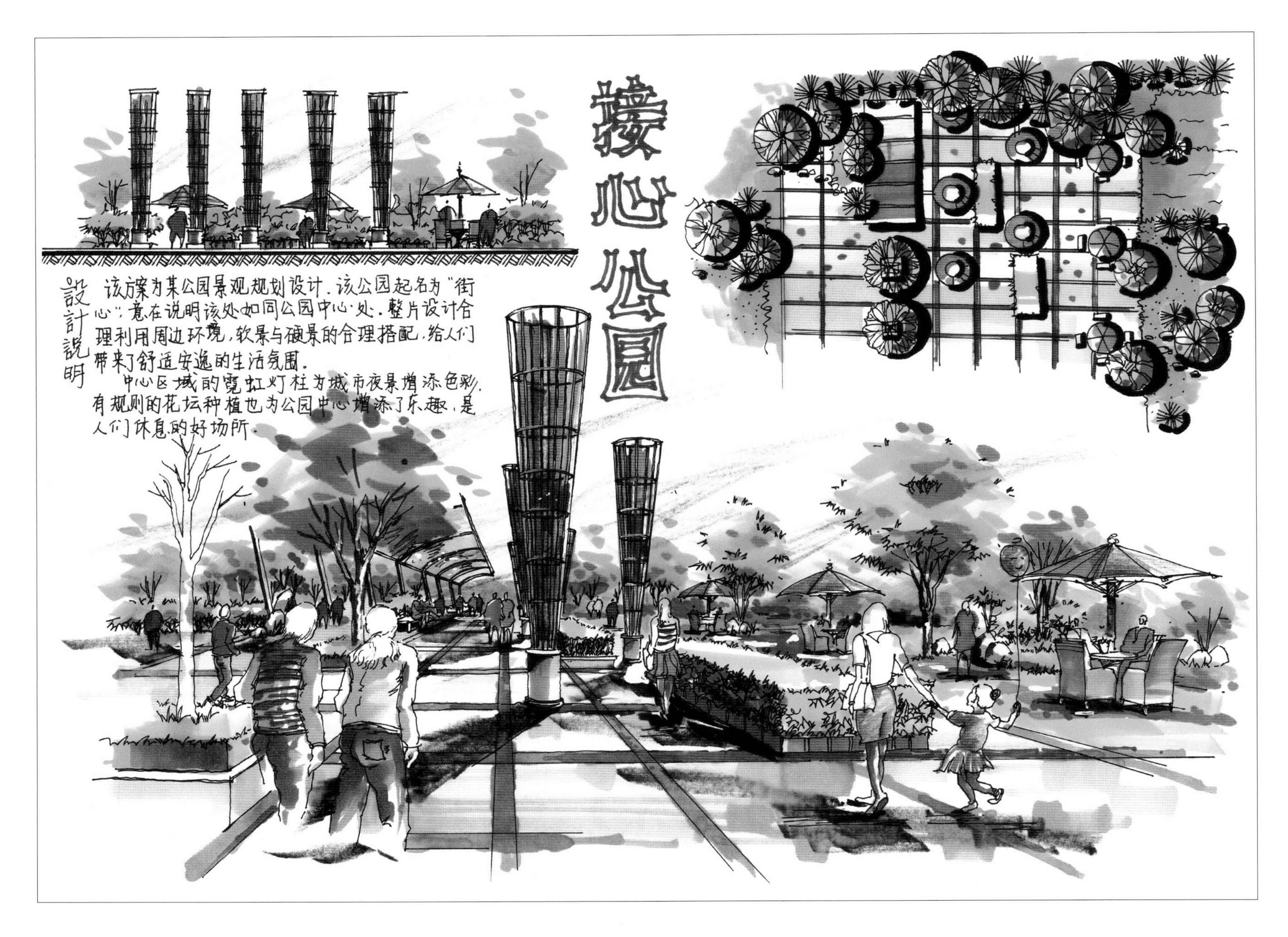
街心公园
設計說明
该方案为某公园景观规划设计．该公园起名为"街心"，意在说明该处如同公园中心处．整片设计合理利用周边环境，软景与硬景的合理搭配，给人们带来了舒适安逸的生活氛围．
中心区域的霓虹灯柱为城市夜景增添色彩，有规则的花坛种植也为公园中心增添了乐趣，是人们休息的好场所．

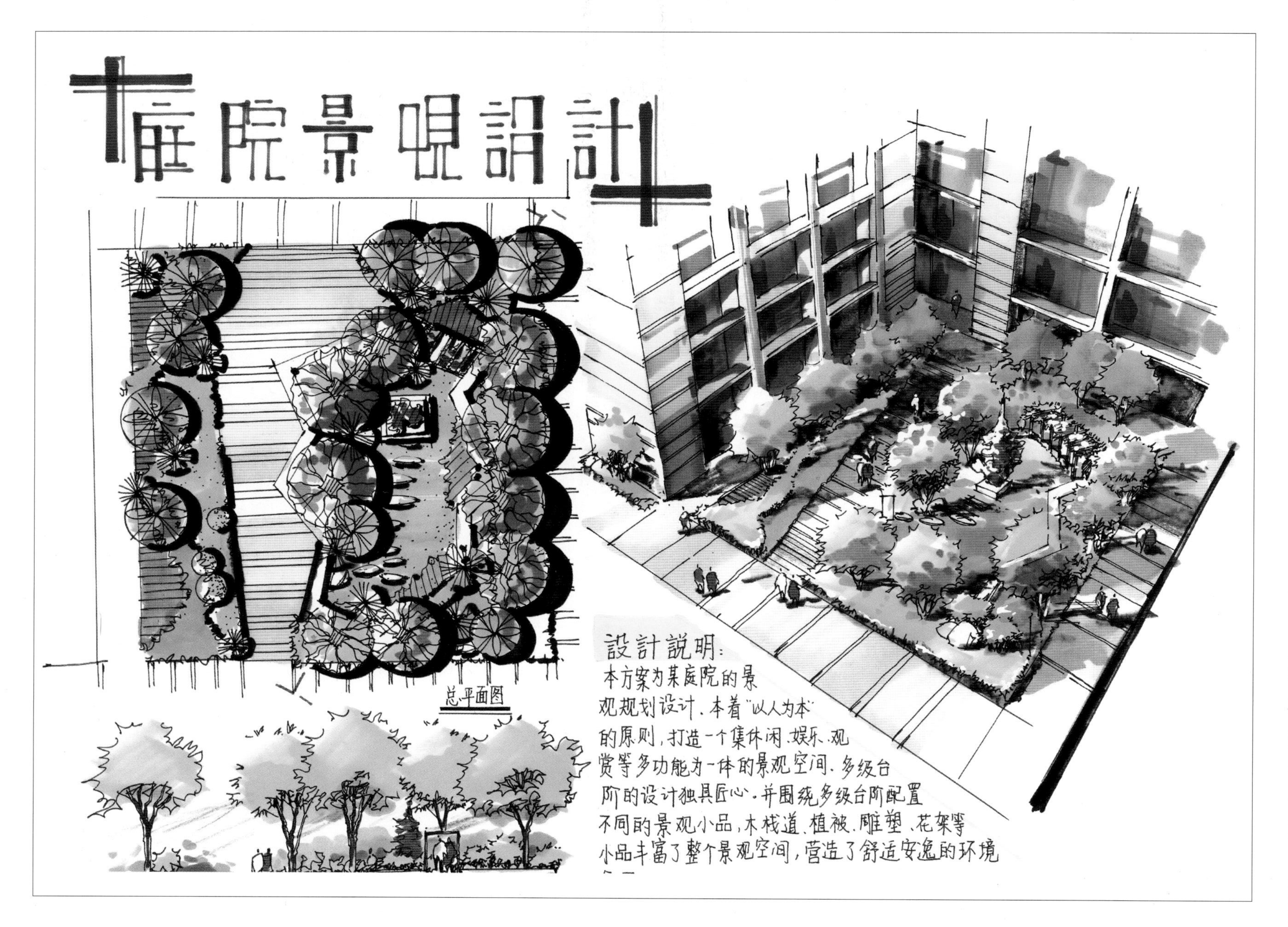
庭院景观設計
总平面图
設計說明：
本方案为某庭院的景
观规划设计、本着"以人为本"
的原则，打造一个集休闲、娱乐、观
赏等多功能为一体的景观空间、多级台
阶的设计独具匠心、并围绕多级台阶配置
不同的景观小品，木栈道、植被、雕塑、花架等
小品丰富了整个景观空间，营造了舒适安逸的环境